BLACK SWAN 黑天鹅图书

为 人 生 提 供 领 跑 世 界 的 力 量

BLACK SWAN

面白くて眠れなくなる物理

物理真好玩

[日] 左卷健男 / 著　金磊 / 译

长江出版传媒
湖北教育出版社

前　言

我之所以写作这本书，是因为：

物理是很有趣的！

这也是我希望能在一开始就开门见山地告诉各位读者的事情。

物理是一门非常有趣且具有魅力的学科，它记述了世界上的一切事物，并且，我们身边的各种现象都与物理的思考及物理定律相关联。

本书中的内容取材自最基础、基本的物理知识，是大部分人在学生时代所学过的初中及高中阶段的物理知识。

很多人之所以对学校所教授的物理知识没有兴趣，就是因为其内容过于抽象、缺乏真实感，自然也就无法被理解。很多人认为这些知识与自己的生活及人生毫无关系，只是用来应付学校的毕业考试而已。

我自己所学的专业就是小学、初中及高中初级的理科教育，原先也曾做过初中、高中的理科教师。我在当理科教师时的一个目标就是“希望当天的授课内容，能成为全家在一起吃饭时热烈讨论的话题”。

我觉得，如果通过理科的教学能让学生学而有所得、有所感动，并开阔自己的心胸……这样的效果才是最好的。可以说，本书就是将我的这种想法，以文章的形式体现出来的一个结果。

透过科学，人们对不可思议甚至充满戏剧性的世界，一点点地加以解释和说明，一点点地打开自然科学世界的大门。虽然还有未知的领域存在，但是大部分已被人们所认知。

作为理科教育的专家，就是希望能从这些已知的内容，甚至更为基础、基本的知识中取材，让读者们明白：你看，只要再前进一步，就能有新发现，这多么有趣，不是吗？

如果各位读者在读完本书后，产生了“这种情况是怎么回事”“那种情况又是什么原因”这样的新疑问，也许就说明我的尝试成功了。

例如，本书第 156 页提出的“小球落入贯通地球的洞中会怎样”这样的问题，衍生出在伦敦—纽约之间开通真空管道列车的设想。在不考虑空气阻力、摩擦力等前提下，理论上仅靠重力是可以让列车行驶的。

希望读者们看了这部分内容后，也会产生类似“那样的话，真空管道列车已经可以投入实际运行了吗”或者“短距离的话，列车在向高处行驶时也不需要牵引马达的帮助，或是引擎等驱动装置，成为只靠很少能量就能实现运行的交通系统”的扩展想法。

我今后也会将这些令人感动且让人内心丰富的理科知识继续深入地研究下去。

左卷健男

目 录

第1部分 光线、光的反射和折射

第2部分 热现象

第3部分 重量、重力、浮力、密度、压力

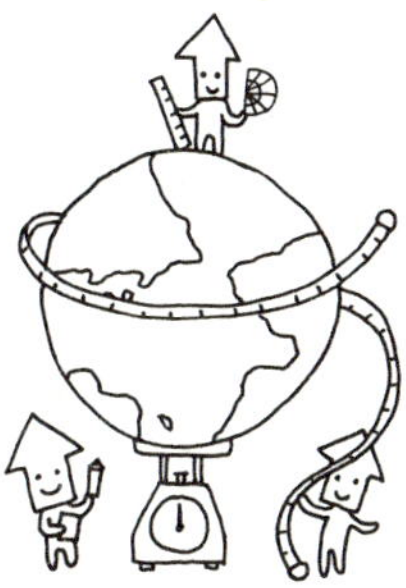

第4部分 静电和电压

第5部分 关于地球的物理学知识

第1部分

光线、光的反射和折射

在完全漆黑的房间里能看见周围环境吗？

为什么我们能看见东西？

我们的身体具备所谓的“五感”。其中的触觉（触碰时的感觉）、味觉（对味道的感觉）、嗅觉（对气味的感觉）、听觉（对声音的感觉）都是通过与对象直接接触而产生的感觉。

那么你是否思考过，听觉与视觉是如何与对象进行“接触”的呢？听觉是通过我们耳朵里的鼓膜感知物体振动时所产生的空气变化而形成的。那“五感”中剩下的“视觉”（看见的感觉）又是怎样实现的呢？

视觉，即使远离所看见的对象也能进行感知。这自古以来就被认为是不可思议的事情。古希腊的哲学家们也对所谓的“看见”有着深刻的思考。为什么我们能够“看见”呢？最终得出了两种结论。

一种叫作“光线流出说”。认为是从我们眼睛中射出叫作“视线”的光，其接触到物体上，从而形成了视觉。

另一种叫作“光线流入说”。认为是物体本身发出的光进入我们的眼睛，从而被我们看见。而“光线流出说”中所提出的，通过从我们的眼睛中衍生出类似触手的“视线”捕捉物体并返回的想法，对于我们现代人来说，一定会感到很奇怪吧。

但是，又要如何用“光线流入说”来解释如巨大的山体发出的光是如何进入我们小小的眼睛，然后被清晰地缩小并呈现的呢？由于当时的人们还没发现镜头成像的原理，所以对此也感到无法理解。当时的人们还认为，巨大山体的光射进眼睛的话，由于眼中的光线太多，视线会变得十分混乱。

“光线流入说”最终被确立，是因为人们后来明白了“光是沿直线传播的，并且能通过镜头的折射最终投射在幕布上”的原理，而人眼中就有类似镜头、幕布等作用的结构。

电影院中的光束

我们的眼睛是球状的结构，由起到类似镜头作用的眼角膜与晶状体，以及感知光线的视网膜等组成。

射入眼睛的光线，会通过眼角膜与晶状体后投射到视网膜上。当我们看远处和近处的物体时，会通过改变晶状体的厚度来进行对焦。而投射在视网膜上的是一个倒立的像（上下颠倒的像）。视网膜上分布着很多的视神经细胞，其感知到光线后会通过视神经将这些信息传递给大脑。大脑对这些信息进行处理后，再将视网膜上的倒立像变换成正立像，这样我们才能看见物体。

那么，假设有一间一尘不染的、没有任何光线的漆黑房间，在这样的房间里，我们能用眼睛看清楚周围的环境吗？

答案是不行的，无论我们怎么仔细地看也看不见任何东西。在完全漆黑的、没有光线的地方我们是看不见的。如果可以睁大眼睛看见一点的话，那就说明还是有一丝微弱的光线存在。

做个实验吧，在白纸上戳一个细小的圆孔，然后蒙在手电筒上，这样就会从圆孔中射出一股细小的光束。将这股细小的光束横着放在眼睛前 1 厘米的位置，你能看见这束光线吗？

即使放在 1 毫米的近处我们也看不见它。因为如果想要看见，就必须让光线射入眼睛才行。

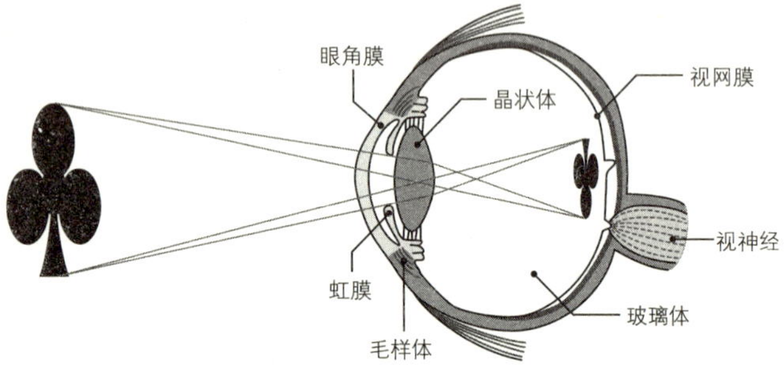

我们眼睛的结构示意图

注意，之前我们在描述房间时提到了“一尘不染”。因为如果有尘埃的话，尘埃自身会将光线向着四面八方进行漫反射，其中有一部分光线就会进入我们眼中，我们就能看见光了。电影院中的光束之所以会被看到，就是因为这个原理。

手电筒射出的光束照到墙壁后，我们能看见被光线照射的墙壁。这是因为墙壁会将光线反射到各个方向，而其中就会有光线进入我们的眼睛。

假如你变成透明人的话

透明可分为两种状态

在科幻电影中常常会出现关于透明人的剧情。那么，透明人在现实生活中可能实现吗？

一提到“透明”，可能就只会想到是指没有任何颜色的状态。但是，如果“透明”是指“能够透过该物体看见其身后的物体”的话，那应该还存在着所谓的“有色透明”，即带有颜色的透明状态。

这里，我们仅针对无色透明的状态来进行思考（下文所提到的透明，都是指无色透明）。

英国的科幻作家赫伯特·乔治·威尔斯于 1897 年出版的小说《透明人》（也作《隐身人》），就是以下面的描述来开场的。

怪物！

是的，一定是怪物。

如果不是怪物的话，又能是什么？在科学发达的今天，不可能使用的是东洋忍术，但是就这么凭空可以让自己消失的人，也真的是太奇怪了。

奇怪！

但是，又真的是确有其事。这怪物起先只是在人烟稀少的乡下活动，可没多久，就在镇子上出没了。其引起了前所未有的骚乱。

这怪物的样子却完全无法被看见。就像一个空隙、一块玻璃，不，应该说就像空气一样，是透明的。

小说中的主人公通过实验发明出了能让身体变透明的药物，结果使自己成了透明人，其实在现实中这种透明人是不存在的。但在生物界，确实有接近透明身体的物种。比如一种叫作“玻璃猫鱼”[①]的淡水鱼，其身体除了头部以外都是没有色素的透明状态，甚至能看见其身体内的骨头与内脏。

---

① 译者注：这是其中文学名，拉丁学名为 Kryptopterus bicirrhis，也译作“双须缺鳍鲇”。

玻璃猫鱼

透明人的致命弱点

变成透明人的话，必须让整个身体都变成与空气一样，对光线有着相同折射率的状态才行。

如果身体的折射率是与水一样的话，由于水对光线的折射率大于空气的折射率，就会让透明人的身体轮廓显现出来。因此，要想实现完完全全的透明状态，就必须让身体的折射率变得和空气一样。

人类的眼球中有能起到类似镜头作用的晶状体，而晶状体是由被称为“晶状体球蛋白”的透明状蛋白质组成的。这使得晶状体的折射率会比水还大一些。而眼角膜与玻璃体则与水有着相近的折射率。

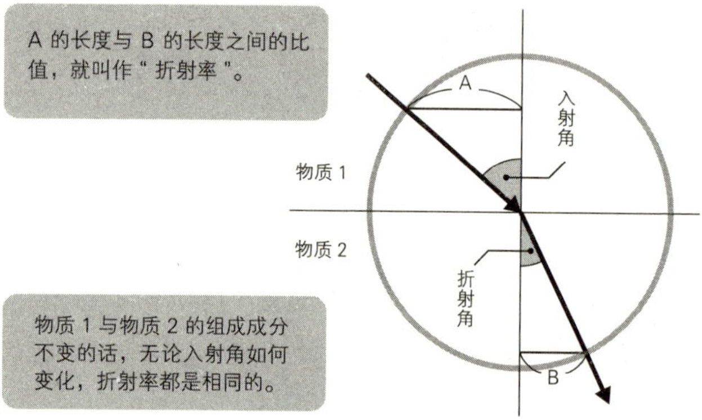

折射率

在空气中传播的光线，经过晶状体的折射后，在视网膜的细胞上成像（其吸收光线后，会将亮度信号与颜色信号传递给大脑），而如果晶状体的折射率与空气相同，就只会让光线直接穿透晶状体以及视网膜的部分。无法捕捉物体反射的光线，就会导致我们无法用眼睛看见物体的形状。

如果威尔斯小说中的主人公真的存在的话，也一定是有着非常致命弱点的人。

另外，如果他肚子饿了，就必须自己去四处找东西吃。因为谁都看不见他，所以也没法给他食物。而且，吃东西的时候，由于食物在体内的消化过程并不是透明的，所以马上就会被人发现。

眼角膜、晶状体、玻璃体等的折射率

空气	1
水	1.33
眼角膜	1.37
晶状体	1.43
玻璃体	1.33

水中生物的眼睛是什么样的?

我们人类的眼睛中，只有眼角膜与晶状体的折射率比水要大一点点，其他部分则与水有着相同的折射率。

当我们进入水中时，由于眼睛与水直接接触，使得焦点移动到了视网膜的后部，这样就会使视网膜上的成像变得模糊不清。

而水中生物眼睛中的晶状体又是怎样的呢？如果水中生物的晶状体与水有相同折射率的话，那就会导致很难成像。例如，鱼类的眼睛是怎样的结构呢？

鱼的晶状体是球形的，所以其折射率非常大。乌贼眼睛的晶状体也是接近球形的形状。我们在煮鱼的时候就能看见，鱼的眼睛像一个圆球一样。

照相机上会用到的鱼眼镜头，是因为能拍摄出类似鱼在水面下看见物体的样子而得名的，并不是说在水中，鱼的眼睛是像鱼眼镜头一样来看东西。

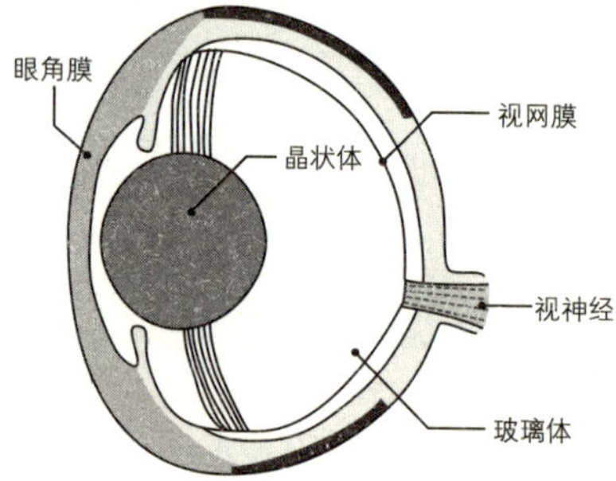

鱼的眼睛示意图

我们的眼睛与鱼类的眼睛在对焦方式上有区别。我们是通过改变晶状体的厚度来进行对焦的，而鱼类由于其晶状体就是球形的，所以是通过改变其前后的位置来进行对焦的。

球形的镜头，越到边缘其折射率就变得越大，成像时的对焦就变得越困难，而鱼的晶状体，由于其构成材质的特点，由中心向边缘其折射率会越来越小。这是由于其中心与边缘的材质不同造成的。这样可以降低其成像的失真度。乌贼等软体动物的眼睛也是同样的道理，所以能够顺利地看见物体。

我们在潜水时可以佩戴有平面镜的面具。由于眼睛是通过面具中的空气层来接收光线的，因此可以跟在陆地上一样，使视网膜获得正确的像。

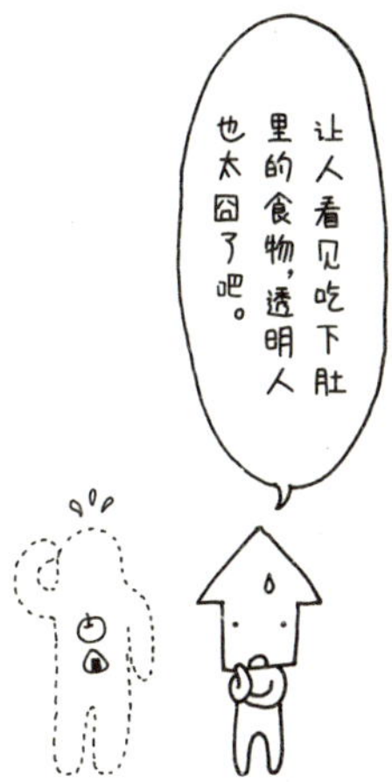
让人看见吃下肚
里的食物，透明人
也太囧了吧。

棱镜、光线、光的折射

当太阳光穿过三棱镜时……

你知道“棱镜”吗?

以前，在初中的物理课上，讲解光的原理时常常会用到棱镜，最近它却好像从教科书上消失了。[①]棱镜是由玻璃等透明的材料制成的，可让光线从中穿透的三角柱状物体。光线通过棱镜时，会发生折射现象。

我们可以通过棱镜来观察点燃的蜡烛，蜡烛发出的光线会被棱镜折射，使我们观察到的蜡烛的像移动至顶角的位置。

假设该棱镜是由同一种材质的玻璃制成的，那么棱镜的顶角越大，其对光的折射就越明显，光线弯折的角度就越大。

---

① 译者注：此处指的应是日本教科书中删除了有关棱镜的实验内容。

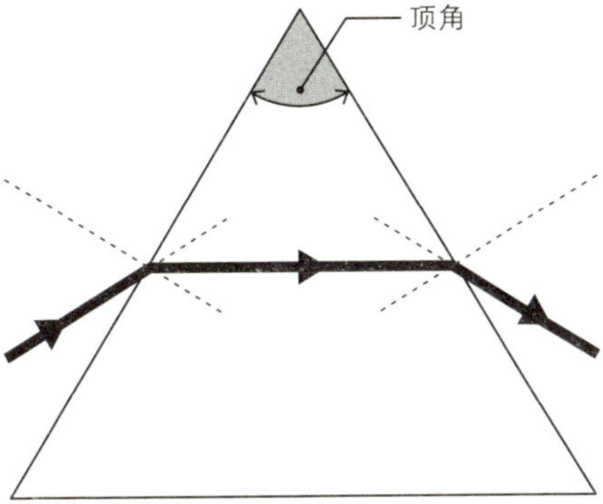

棱镜对光的折射

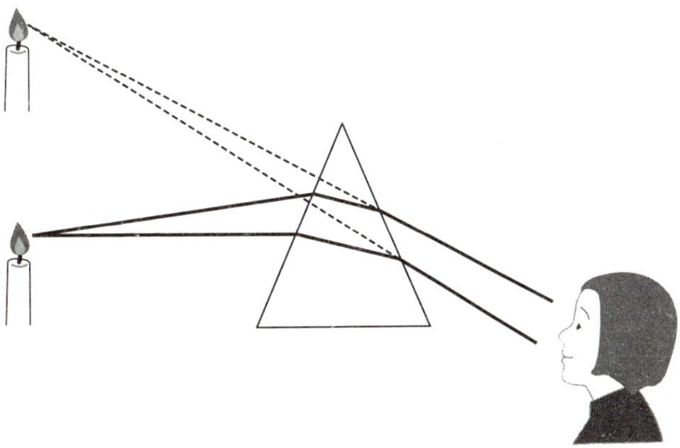

通过棱镜观察蜡烛的像

而顶角越小的话，光的折射就越弱，光线弯折的角度也就越小。

凸透镜可以让光线汇聚，凹透镜可以让光线发散

两侧呈球面形状的透明体叫作“透镜”。虽然也有一侧是球面，而另一侧是平面的透镜，但是本书中主要介绍的是两侧同为球面的透镜。

中央较厚、边缘较薄的透镜叫作“凸透镜”，而中央较薄、边缘较厚的透镜叫作“凹透镜”。凸透镜可以让光线汇聚，因此也被称为“汇聚透镜”；而凹透镜能够让光线向广阔的方向发散，因此也被称为“发散透镜”。

前面已经说过，棱镜拥有将光线进行折射的作用，那么，透镜也可以理解成是由很多的棱镜组合而成的物体。比如，凸透镜就像是由中央较厚的多个棱镜组成的，而凹透镜则像是由边缘较厚的多个棱镜组成的。

如下页图所示，按光线折射的程度，可将组成透镜的棱镜分为A、B、C、D四种，其中顶角较大的A棱镜，其对光的折射程度最大，然后依次是B棱镜和C棱镜，而D棱镜由于其两侧都是平行的矩形，因此可不考虑其对光线的折射作用。

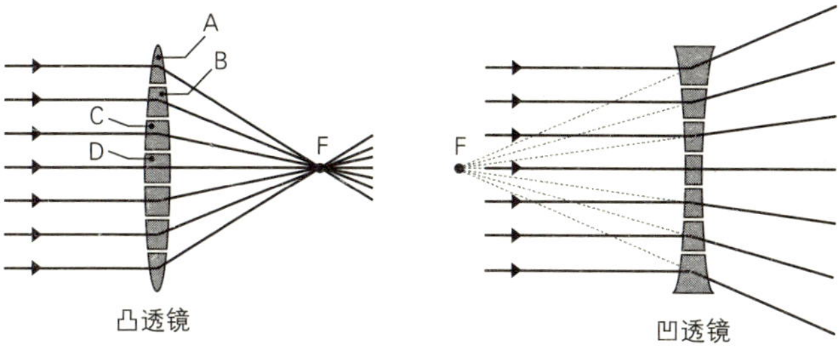

透镜的结构，可以看作是由多个棱镜组合而成的

如果将荧光灯的光线汇聚的话……

相信很多人都做过下面这个实验吧。用放大镜将太阳光聚集在一张涂成黑色的纸上，后者会冒烟并且最终燃烧起来。太阳光所聚集的那个点被称为“焦点”。因为，太阳光经过凸透镜后，被汇聚在黑纸的这个点上。

那么，如果用凸透镜将细长的荧光灯所发出的光线进行汇聚的话，纸上的焦点会呈什么形状呢？会和太阳光一样，形成一个小圆点吗？

如果你手头有放大镜的话，不妨亲自尝试一下。光线被汇聚后会形成一个清晰的像，这个像的形状刚好与荧光灯的形状一模一样。

也就是说，荧光灯发光的部分在焦点的位置形成了一个对应的像。

那么如果是普通的电灯泡，结果又会怎样呢？当使用磨砂玻璃灯泡时，会在焦点的位置映射出整个灯泡的形状。而那种用透明玻璃制成的、可以看见其中灯丝的灯泡，则会在焦点位置清晰地映射出发光的灯丝的像。

这样看来，当太阳光被汇聚时所形成的小圆点，实际上应该就是太阳的像。

假如，当日食发生时太阳被遮挡的话，用凸透镜汇聚太阳光，也会映射一个不完整的太阳的像。

另外，也可以尝试用月亮来进行实验。由于月亮本身是不会发光的，我们之所以能看见它，完全是因为月亮反射了照在其上的太阳光。虽然月亮反射的光线比起太阳光来要弱不少，但我们仍然可以尝试用凸透镜来汇聚月光。半月时会形成半月形状的像，月牙儿时则会形成月牙儿形状的像。

怎么样？快趁某个有月亮的晚上，尝试做一做这个实验吧！

收集月光……听起来好像很浪漫的样子呢！

我们看不见的光

可见光的分布为红色至紫色

棱镜不仅能对光线进行折射，当白色的光通过棱镜时，还会被分解成像彩虹一样的颜色。

我们用肉眼能够看见的光被称为“可见光”，其实是由七种颜色的光混合而成的。这个结论是由英国的大科学家艾萨克·牛顿（1643 ～ 1727）通过实验得出的。

1666 年，牛顿做了这样一个实验：他在一个漆黑的房间里开了一个小孔，让太阳光射进来并通过摆放在房间里的三棱镜。太阳光经过棱镜后射出类似彩虹的光，其照射的范围大于原本的太阳光，并且由红色至紫色的光组成，而且排列的顺序与彩虹完全相同。

红色光线的折射角度要小于紫色光线。也就是说，不同颜色的光线被棱镜折射的角度各不相同。

牛顿随后尝试将其中的紫色光或红色光又通过一次三棱镜。

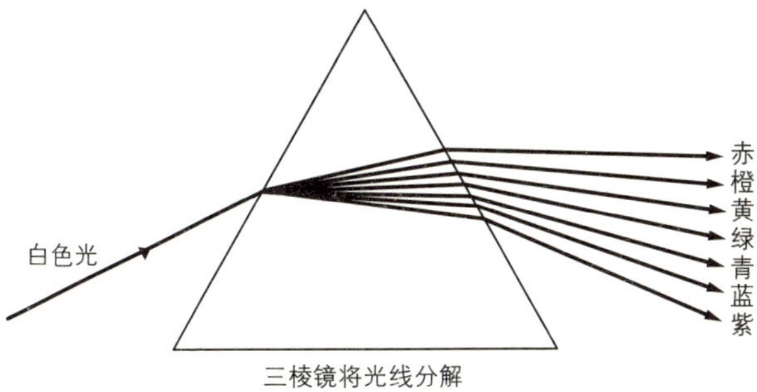

三棱镜对光的分解

结果，发现紫色光线射入后射出的还是紫色光，红色光线射入后射出的也还是红色光，即光线无法再被分解。由此，他想到太阳光中的可见光，应该就是赤、橙、黄、绿、青、蓝、紫七种颜色的光。

而且，随后他又用凸透镜将三棱镜分解出的光进行汇聚，并通过另一个三棱镜后，又形成了白色的光，即太阳光原本的颜色。

通过这个实验得出，太阳光中的可见光是由红、橙、黄、绿、青、蓝靛、紫七种颜色的光所组成的。而彩虹则是太阳光被大气中的水滴，以类似棱镜的作用进行折射后分解成彩色的光线形成的。

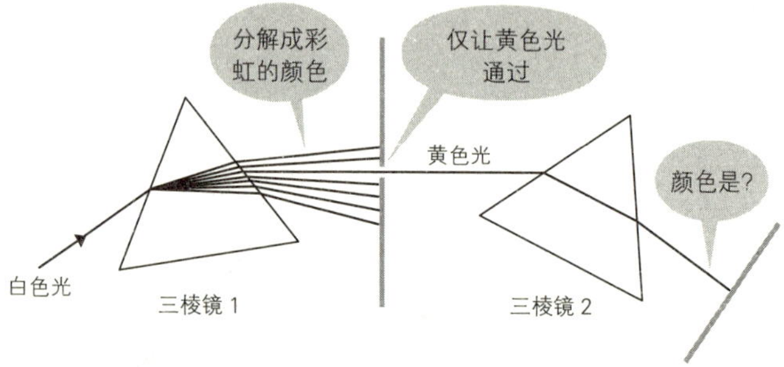

经三棱镜分解出的一束光线，再通过另一个三棱镜

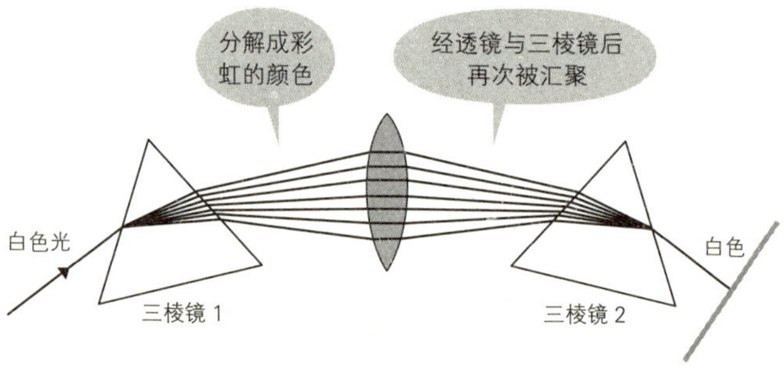

被分解的光线再次被汇聚

电视机和厕所中常用到的红外线

在三棱镜分解出的红色至紫色光之外，还有没有其他的光呢？实际上即使其存在，也会由于其不属于可见光，我们无法看见其颜色。

在牛顿实验的一百多年后的 1800 ～ 1801 年，人们发现在红色光线的外侧还存在着“红外线”，而紫色光线的外侧还存在着“紫外线”，并且红外线具有温暖物体的性质，紫外线具有晒伤皮肤等引发物质变化的性质。

首先，我们来说说红外线。

红外线，其波长要长于我们所能看见的红色光线的波长。电炉和电暖炉等都会发出大量我们肉眼看不见的红外线。地球上的所有物体都会发出红外线，甚至就连我们的身体，也会放射出红外线。

电视机使用的遥控器之所以让我们离得很远也能换节目频道，就是因为使用了我们看不见的红外线。

下面我们来做个实验。将太阳能电池板（光电池）接在收音机的话筒插孔上。

我们能听到收音机发出“砰”的很大一声，这是因为太阳能电池板捕捉到了荧光灯发出的光线（50 赫兹或 60 赫兹）。

接下来，将荧光灯关闭，用电视遥控器对着太阳能电池板并按压上面的按键，可以听到收音机发出“咚咚”和“吱吱”的声音。这是因为遥控器发出的红外线信号，引起太阳能电池板的电流变化，从而发出声音。

遥控器发出的信号中包含了自定义的编码内容，如厂家、机型、频道号等各种信息。电视机在接收到这些信号后，会通过内置的微电脑芯片对其进行解码，然后完成各种相对应的操作。

常见的伸手自动出水的水龙头、离开后自动冲水的小便池等，也都用到了红外线。在其内部采用了一种叫作“钛酸铅”和“铌酸锂”的陶瓷（一种烧制物，像石块一样的物质），其可以感知人体红外线的增减变化，并通过这种变化来控制电流。

紫外线有三种

紫外线位于紫色可见光的外侧，其波长要比紫色光线短。

常见的日晒会形成两种结果：晒黑与晒伤。其中前者是由于皮肤中的黑色素沉淀，形成了近似小麦色或褐色的皮肤颜色；而后者，则是指皮肤被晒得通红并伴有水疱等症状的伤。

紫外线根据其波长的不同，可分为紫外线 A（长波紫外线，UVA）、紫外线 B（中波紫外线，UVB）以及紫外线 C（短波紫外线，UVC）。其中，紫外线 C 由于能被大气臭氧层吸收而无法抵达地表，所以在日常生活中不必担心。

而紫外线 A 与紫外线 B 是能够抵达地表的。长时间暴露在其中的话，皮肤会变红；六至四十八小时后，皮肤会有疼痛感，形成晒伤症状。当紫外线 B 照射在皮肤的真皮层后，会引发炎症并使毛细血管扩张，皮肤因此而变红。严重时还会引起伴有发热、水疱等疼痛症状的日光性皮炎。

暴露在紫外线中两至三天后，皮肤上会形成可见的黑色素沉淀，这是因为紫外线 A 的照射会刺激表皮中的黑素细胞。而被刺激的黑素细胞会合成出大量的黑色素，并将其分散给表皮中的其他细胞，用以吸收紫外线保卫细胞组织。紫外线 A 还会深入真皮深层部位，对骨胶原等组织形成影响，成为“光老化”的罪魁祸首。

除此之外，暴露在紫外线中三至八天后，还会引起皮肤脱皮的现象，这也是紫外线 B 导致晒伤的另一证据。

从前为了健康，人们还曾提倡多做日光浴，但近年来，因氟利昂气体导致大气臭氧层被破坏，使得照射到地表的紫外线变强，特别是南半球地区，人们患皮肤癌的概率增大。这主要就是因为紫外线 B 会损伤皮肤细胞的 DNA，而皮肤的这种损伤是无法被修复的。所以，紫外线越强，患皮肤癌的概率就越大。

国际癌症研究机构（IARC）在针对诱发癌症的风险调查中认为，极易诱发癌症的原因包括吸烟、伽马射线等放射线，2009 年 7 月 29 日又增加了“使用发出紫外线的日光浴机”这一项。

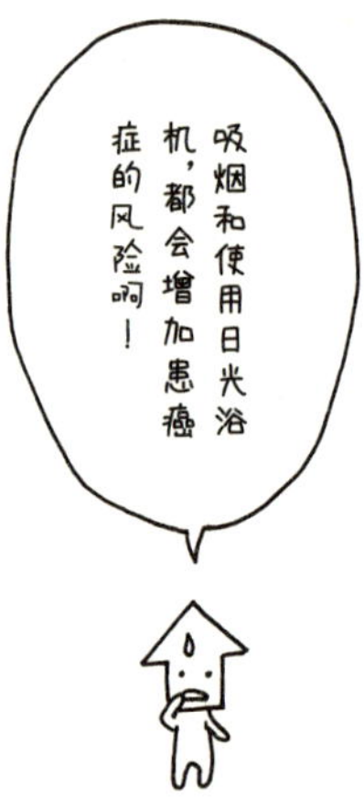
吸烟和使用日光浴机，都会增加患癌症的风险啊！

第2部分

热现象

热量与温度有何区别?

泡沫板与铁板的温度

放置在室温 25℃左右的同一场所（桌子上）的发泡聚苯乙烯板[①]与铁板，它们各自的温度是怎样的呢？

大家觉得会是下面哪一种情况呢？

A. 两者都与房间中的空气有相同的温度

B. 泡沫板的温度会比空气高

C. 铁板的温度会比空气低

如果用手触摸的话，会发现铁板会让人感觉较冷。

① 译者注：此即我们常见的包装用泡沫板，以下简称“泡沫板”。

用手触碰泡沫板、铁板的图示

但实际上，如果进行测量的话，两者的温度是完全一样的。所以，正确答案应该是 A。

将温度高的物体与温度低的物体放在一起时，温度高的物体其温度会下降，而温度低的物体其温度则会上升，直至两者的温度达到相同。那么温度高的物体中到底有“什么东西”向温度低的物体移动了呢？答案就是我们称之为“热量”的东西。一旦两者间的温度变得相同，就意味着热量的移动停止了，这被叫作“热平衡”状态。

在房间中，泡沫板和铁板与所接触到的桌面以及周围的空气等都达到了热平衡的状态，因此它们之间的温度也是相同的。

但是，当用手去触摸这两块板时，感觉却是不一样的。室温 25℃比人体的体温要低。通常来说，室温都是低于人体体温的。那么，当人用温度较高的手掌触碰温度较低的铁板时，热量会从手掌向铁板传递。此外，还要说明的是“热传导率”（热量传递的容易程度）的概念。一般来说，金属的热传导率会大于其他的物质，即热量在其中更容易传递。因此，热量能够在很短的时间内从人手传递给金属，导致手的温度大幅下降，使得我们在触摸时产生冰冷的感觉。

而泡沫板则属于很难传递热量的物质。因为其结构中有大量难以传递热量的空气气泡，所以泡沫板比铁板的隔热性更好，短时间内很难让热量逃离出去，所以手部的温度也不会有所下降。

综上所述，热量都是从温度高的物体（人的手）向温度低的物体（板）传递的。此时，热量传递的容易程度会因物质的种类不同而有所差异。

如果是用手接触比自己体温更高的金属板的话，则会感觉到烫。因为此时热量是从金属板向手部快速传递的，这会让手部的温度上升。

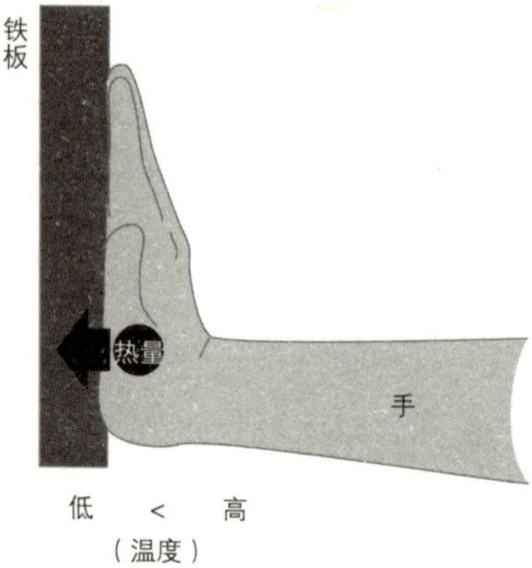

热量从手掌向铁板移动

从原子、分子的角度来思考热量的传递

我们也可以从构成物质的原子、分子的角度来思考“热量的传递”这件事。

物质都是由原子、分子构成的，并且它们一直处于运动的状态。温度越高，它们的运动就越激烈；反之，温度越低，其运动就越缓慢。所谓的“温度”，也可以看作是构成物质的原子、分子运动激烈程度的一种表现。

固体物质，其原子、分子都是以自身的范围在其平衡位置附近振动。

当一个原子、分子原本都不怎么振动的物体紧贴着一个原子、分子都在进行激烈振动的物体时，我们就会发现一直没有振动的原子、分子也开始出现了运动的变化。这个道理就好像一枚正在运动的硬币撞到一枚静止的硬币而使后者被撞弹起。那么，原本静止的原子、分子“被撞弹起”的结果就是物体的温度上升了。而反过来，原本一直激烈运动的原子，其运动会逐渐减弱，即物体的温度开始下降。

这就是所谓“热量从温度高的物体向温度低的物体传递”的真相，也是从微观的角度来解释“热量传递”这个现象。

金属容易传递热量的理由

金属物质是由构成金属的原子大量集结而成的。在金属的原子集团中，还存在着许多不属于任何原子的“自由电子”。自由电子是比原子、分子更小、更轻的粒子，其携带负电荷。

金属之所以有良好的导电性，就是因为当被施加电压时，自由电子会向负极的反方向运动，即被吸引朝着正极的方向运动。

总之，金属较容易传递热量，也是由于其又轻又极易运动的自由电子对热量进行传输。

而泡沫板和木板等物质中，均不存在这种自由电子，因此只能通过相互间紧密结合的原子、分子的振动来传递热量。

超高温与超低温

怎样表示温度的高低?

我们日常生活中常会使用到“温度”这一概念。那么该如何表示温度的高低呢？这里我们将介绍有关超高温与超低温（极低温）的知识，但在此之前，还是先一起来看看常用来表示温度的“摄氏度”是什么吧。

瑞典人摄尔修斯（1701 ～ 1744）最早提出用数字刻度的形式来表示温度高低，所以后来就以他的中文译名的第一个字为单位，记作“摄氏度”。摄尔修斯将一个大气压下水的熔点（固体转变为液体时的临界温度）与沸点（液体沸腾转变为气体时的温度），分别定义为 100℃和 0℃（1742 年）。但是，这样一来温度越高数字却越小，显得非常不自然，所以之后又分别改成了 0℃和 100℃。

而现在，我们则是先定义一个绝对温度，然后再用这个绝对温度来定义摄氏温度。

具体来说，绝对温度中的“1 度”，等于水在固体、液体、气体三种状态平衡共存时的温度（“水的三相点温度”）的 1/273.16。

这个数字没有被普及，主要是因为在绝对温度的概念提出前，人们已经普遍使用了摄氏温度，而且摄氏温度的“1 度”与绝对温度的“1 度”都指的是相同温度差。

另外，摄氏温度与绝对温度之间在读数上相差 273.15。而这个数字也没有被普及，因为摄氏度已将水的熔点与沸点分别定为易用的 0℃和 100℃。

物体到底能有多冷

说起高温的话，可以有几千万摄氏度、几亿摄氏度、几兆摄氏度等无极限的高温。但是，低温的话就不会存在所谓“-500℃”或者“-1000℃”这样的温度。低温就到 -273.15℃为止，没有比这更低的温度了。那么，这又是为什么呢？

我们之前说过，温度就是表示构成物质的原子、分子运动的激烈程度（原子、分子的运动能量）。

固体的温度高，表示构成物质的原子、分子在进行剧烈振动。

从超低温到超高温示例表

最低的温度	–273.15℃ （绝对零度 0 K）
氦气沸腾	–268.9℃
现在宇宙空间的温度	–270℃
氢气凝固	–259.1℃
液态氮沸腾	–196℃
液态氧沸腾	–183℃
甲烷凝固	–182.48℃
月球表面，与太阳相反一侧的温度	约 –150℃
乙醇凝固	–114.5℃
气温的最低记录	1983 年 7 月 21 日，位于南极的沃斯托克考察站（苏联）所记录的 –89.23℃
干冰（升华为二氧化碳气体）	–78.5℃
汽油起火	低于 –43℃
水银凝固	–38.842℃
稀释剂类起火	–9℃
水凝固	0℃
甲醇起火	11℃
乙醇起火	13℃
地球的平均气温	15℃
人体体温	36 ~ 37℃
人体体温的极限	42℃
鸟的体温	40 ~ 42℃
最高气温	1921 年 7 月 8 日，巴士拉（位于伊拉克）所记录的 58.8℃
煤油起火	40 ~ 60℃
乙醇沸腾	78.3℃
水沸腾	100℃
月球表面，面对太阳一侧的温度	约 200℃
核能发电站的蒸气温度	约 280℃

续表

麻油起火	289 ~ 304℃
点燃报纸	291℃
菜籽油起火	313 ~ 320℃
水银沸腾	356.58℃
火力发电站的蒸气温度	约 600℃
熔岩温度	700 ~ 1200℃
蜡烛的火焰	1400℃
燃气轮机	约 1500℃
乙醇的火焰	1700℃
氢气的火焰	1900℃
柴油发动机或汽油发动机的燃烧温度	约 2500℃
氢气 + 氧气的火焰（氢氧焰）	2800℃
碳化钽熔化温度（物质中的最高熔点）	3983℃
乙炔 + 氧气的火焰	3800℃
白炽灯的灯丝的温度	2400 ~ 2500℃
广岛原子弹爆炸（1 秒后）的地表温度	5000℃
钨丝（用作电灯灯丝的金属）沸腾	5555℃
太阳表面	约 6000℃
天狼星表面	10000℃
原子弹爆炸	数千万℃
太阳中心	1400 万℃
核聚变反应堆的等离子温度	1 亿℃
重离子对撞机（RHIC）（该加速器驱动两束金离子束流以无限接近光速的速度进行对撞，实现超高温状态，这是其反应初期的温度）	约 4 兆℃

气体的话，由于分子是以极快的速度向外飞散，所以分子的运动速度越快，其温度就越高。高温没有所谓的极限范围，就是因为分子和原子具备进行无限剧烈运动的可能性。

而当温度达到 -273.15℃的低温时，一切原子、分子都将停止运动。因此，也就不存在比这更低的温度了。

将这个最低温度定为 0，比起摄氏温度——以水结冰时的温度为基准，这样的定义更具合理性。而这种表示温度的方法就叫作“绝对温度”，并以科学家开尔文名字的第一个字母 K（开）来作为单位。其刻度间隔与摄氏温度相同。

在如此极低的温度下，物质会出现一些不可思议的现象。例如，普通的金属由于种类的不同，其电阻的大小也不相同。但在极低温条件下，大部分金属的电阻值变为了零。

另外，液态氦在低于 2.2K 的极低温条件下，会出现“超流动”现象。

所谓“超流动”，是指液态氦会出现“沿容器壁向上流动，并能从通常的液体无法通过的狭窄间隙中流出”这样的神奇现象。这是由于在这种状态下，原本存在于普通液体内的“黏性阻力”变为零造成的。当然，这也与氦原子属于玻色子（Boson）有关。

冰箱的冷藏室与冷冻室分别是多少摄氏度?

炎炎夏季，人们总想着一打开冰箱门就能喝到冰镇的饮料吧。所以，电冰箱承担起了冷冻物品的重要作用。

在电冰箱的内部，冷媒（氟利昂等）主要是通过管道来循环往复。对冷媒施加压力会使其变成液体，而其在转变成气体时会带走大量的热量，从而实现降温的作用。

冰箱可分为用来储藏无须冷冻的食品的冷藏室和用来储藏冷冻食品的冷冻室两部分。同时具有这两种功能的冰箱被称作冷冻冷藏冰箱。这里就来介绍一下这种冰箱。

冷藏室与冷冻室之间，各自的温度有很大差异。冷藏室中的水不会结冰，而冷冻室中的水会冻成冰块。

众所周知，水会在 0℃时结冰。而一般冷藏室的温度都设在 4℃，冷冻室的温度则设定为 -18℃。-18℃就是说比水结冰时的温度（0℃冰点）还要低 18℃。

冷藏室的作用，主要是防止因细菌及霉菌的繁殖所导致的食物腐败。细菌和霉菌在 7℃左右会开始繁殖，12℃左右时会开始快速繁殖。因此，4℃的温度设定，能有效地抑制其繁殖。

另外，冷冻室主要是用来保存冷冻食品的，所以需要有非常低的温度。冷冻食品在店铺内展示时，都是低于 -18℃的状态，所以买回家后也要放在低于 -18℃的冷冻室中保存。

用手触碰冷冻室中的冰块时会发生什么?

冰块的温度是多少摄氏度？我想一定有人会说：“难道

不是0℃吗？”

实际上，冰块的温度范围可以是-273℃到0℃。如果是使用干冰来进行冷却的话，冰块的温度大约会是-78℃，而冰箱冷冻室中的冰块则大约是-18℃。

那么，对于“0℃的冰块”又该怎么理解呢？例如，当我们取出-18℃的冰块，并将其放置在室温20℃的房间内时，冰块的温度会逐渐地上升。而且，其达到0℃时会开始融化。直至融化终止前，它会一直保持在0℃。0℃就是冰块开始融化、液体开始冻结的临界温度。

从冷冻室取出的冰块，其温度为-18℃。而此时，当我们用手去触碰时，在接触处（冰块的表面）的温度会有所上升，融化成水，形成手—水—冰三者紧密结合的状态。由于剩下的冰块大部分温度仍为-18℃，所以即使通过手指传递的热量使其表面部分融化成水，这些水也会被低于零下温度的冰块本体再次冷却，重新结冰。

人体内约60%是水，所以当我们触碰特别冷的、零下温度的物体时，接触部位的细胞内部的水分会被冻结，然后与该物体“粘连”在一起。

像在西伯利亚这样天气极为寒冷的地区，铁棒也会处于非常低温的状态，用手握住后，再次放手时甚至可能会让被冻结的皮肤发生脱皮的情况。

干冰与液化碳酸气体

干冰常用来冷却保存冰激凌，是一种非常冷的白色固体物质，温度约为 -79℃。

1925 年，美国一家叫干冰公司的企业，在纽约成功地实现了世界上首次对干冰的大批量生产。而“干冰（Dry Ice）”这一称法也是由该公司命名的。日本从美国引进相关设备后，于 1928 年开始生产干冰。

干冰，就是固态的二氧化碳（也称碳酸气体）。干冰可以不经过液态，直接转变为气体。我们将这种固态不经过液态，直接变成气态的变化过程叫作“升华”。厕所中使用的芳香剂、衣橱中使用的防虫剂会一点点地变少，就是因为升华造成的。

冰块也会升华。例如，用冰箱制成的冰块，如果长时间放置在制冰盒中的话，其边角会变得圆滑。这是因为冰块表面直接升华成气体导致的。我们日常生活的标准大气压为 1013 百帕，而当对干冰施加 5.2 倍于此的高压时，就会使其变成无色透明的液体。

将其储藏在液化气罐中，并一直保持这种受压力的液态状态，则被叫作“液化碳酸气体”。液化碳酸气体常被用于生产碳酸饮料和速冻食品。大家可以留意一下装啤酒的易拉罐罐身标签上的内容。

另外，将干冰投入水中的话，会产生白色的烟，这并非干冰颗粒或者二氧化碳气体，而是很小的水滴和冰粒。

氧气被冷却后会变成蓝色的液体

空气是由占其体积 78% 的氮气、21% 的氧气以及 1% 的氩气等其他气体组成的混合气体。笼统地说就是，氮气占八成，氧气占两成。如果我们将空气冷却的话会发生什么呢？

将气体先压缩至狭小的空间，之后再释放到宽阔空间时会使其温度下降（绝热膨胀）。通过重复这一过程，可以逐渐降低气体的温度。这样一来，空气就变成了液体。氮气的沸点（液体沸腾转变成气体时的温度）是 -196℃，而氧气的沸点则为 -183℃。对于液态化的空气，稍微加温就会使其中的氮气蒸发，同时使氧气浓缩，而蒸发的氮气被冷却后会再次变成液体。这样一来就分离出了液态的氮气与氧气。液态氮气无色透明，而液态氧则是淡蓝色的。

如果将冰块投入 -196℃的液态氮，冰块的温度也会变成 -196℃。

水蒸气会引燃火柴吗？

水会因温度的不同而呈现不同的样态。低于 0℃时就不再保持液体的状态，而是变成冰块这样的固体。而高于

100℃时同样不再是液态，而是会变成气体（水蒸气）。

水蒸气是肉眼无法观察到的。我们所看见的白色的水汽，其实是水滴。水蒸气中的水分子向四周散开并快速地飞散，我们无法看见，而冰块（固态的水）和液态的水，因为其水分子都“抱团”成集团，因而能被我们看见。

那么，水蒸气的温度到底有多少摄氏度呢？

洗好的衣服即便在室温中也能被晾干，就是因为水分蒸发成了水蒸气。房间中的水蒸气其温度等于室温。沸腾时的水蒸气则接近 100℃。从沸腾着的水中冒出的水蒸气，能否被加热到几百摄氏度呢？

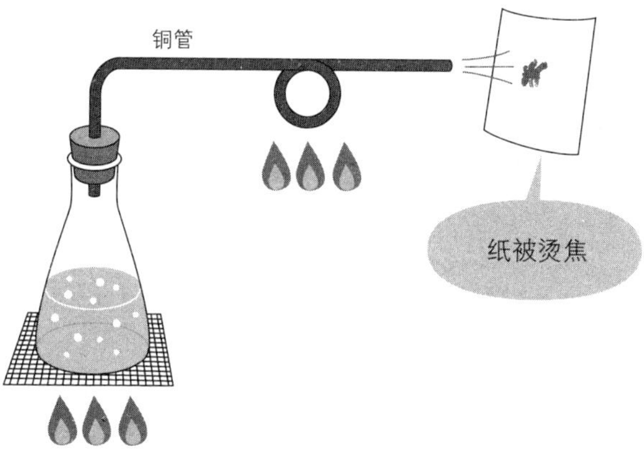

高温的水蒸气很危险

使用上页图中的装置，用火加热烧瓶中的水使其沸腾，产生的水蒸气会通过环形的铜管。再对铜管进行加热，使铜管前端冒出的水蒸气处于高温的状态，但水蒸气仍然是无色透明的，无法被肉眼观察到。此时千万不要用手去靠近水蒸气，会有被烫伤的危险。因为高温水蒸气是很危险的。

接下来，尝试将火柴靠近铜管前端的位置。依靠水蒸气的温度来引燃火柴。将火柴迅速从水蒸气中移出到空气中，会发现火柴被引燃了。

然后，尝试将纸张靠近同一位置。也许有人会觉得“冒出的水蒸气会浸湿纸张”吧。但由于此时水蒸气为几百摄氏度的高温，并不会简单地重新变回低于100℃的液态的水。所以，纸张在被浸湿前就已经被烫焦了，甚至还有可能被引燃。

用液态氦来冷却水，可得到-268.9℃的超低温的冰块，而将水蒸气加热的话，可得到几百摄氏度的水蒸气。

低温达到-273.15°C后，就不会再有更低的温度啦！

加热五日元硬币，中间的圆孔会如何变化？

“哐当哐当”的声音来自铁轨的连接处

火车行驶的铁轨是用钢铁制成的。温度的高低变化会让铁轨的长度发生变化：夏季时温度升高，铁轨会伸长；而冬季时则相反，铁轨会缩短。

假如铁轨与铁轨之间连接处的间隙非常狭小的话，当夏季温度上升时，铁轨自身的膨胀就会导致相互间发生挤压甚至扭曲错位。而列车的车轮轧过扭曲错位的铁轨，就会发生脱轨这样的严重事故。所以，在铺设铁轨之初，就必须考虑到温差带来的长度变化。

坐电车时在车厢内听到的“哐当哐当”的声响，就是车轮通过铁轨连接处时发出的声音。如果铁轨连接处的间隙预留得太大的话，这个空隙就可能会变成较大的坑洼，使列车运行时的震动变大，影响乘坐的舒适度。大部分的铁轨一般每段都是25米长，到了夏季温度上升时，铁路工作人员必须在白天对铁轨进行安全检测，并通过拧紧铁轨连接处的螺栓、加固路碴（沙砾和碎石）等措施，来防止铁轨扭曲导致脱轨事故的发生。

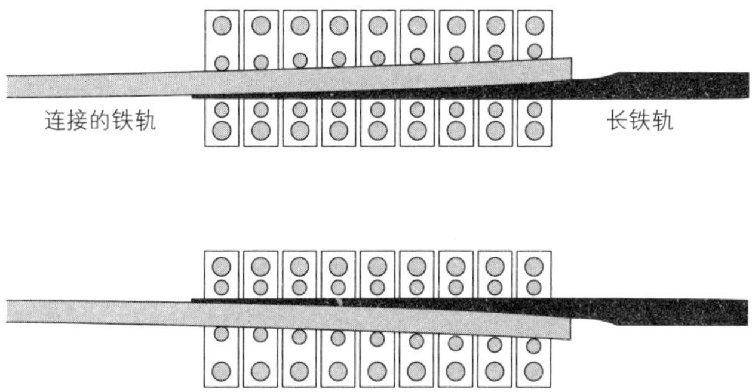

长铁轨可伸缩式连接处的示意图

青函隧道内所使用的是世界第一长的铁轨，长达52.6千米。这是因为青函隧道内的温度与湿度常年保持恒定，所以不用担心铁轨的热胀冷缩问题。

日本的新干线使用的则是所谓的“长铁轨”。列车行走在其上时，人们不会听到“哐当哐当”的声音。

新干线使用的铁轨也并非完全没有接缝，而是每隔几千米才会有一个连接的位置。并且，接缝处使用的是一种被称作“可伸缩式连接”的设计，如上页图所示，铁轨看起来好像是以非常小的角度斜着被切开的样子。与传统的连接方式相比，由于没有间隙与落差的存在，所以车轮可以很顺畅地从这里通过。

铁轨在夏季与冬季之间的长度变化有时能达到数十厘米，而这样的设计结构能有效地吸收这种变化差异。现在，也有普通的线路开始引入新干线的这项技术，所以当列车在其上行驶时，也同样听不到“哐当哐当”的声音。

圆孔的大小会变成……

五日元与五十日元的硬币中间都会有一个圆孔，那么当对硬币进行加热时，其中心的圆孔会发生什么变化呢？当我们加热物体时，其体积会变大，即发生膨胀现象。如果我们加热五日元硬币，它当然也会膨胀。五日元硬币的金属部分膨胀时，会使硬币的最外缘也开始变大。

由于中间圆孔的位置没有金属，所以，当周围的金属发生膨胀时，五日元硬币中间的圆孔是会变小还是会变大呢？

我们以铁丝为例，其与铁轨一样，受热后长度会伸长。我们将铁丝圈成圆环状，然后对其加热。铁丝会伸长，圆环的直径也会变大。那么，五日元硬币中间的圆孔也会是相同的结果吗？

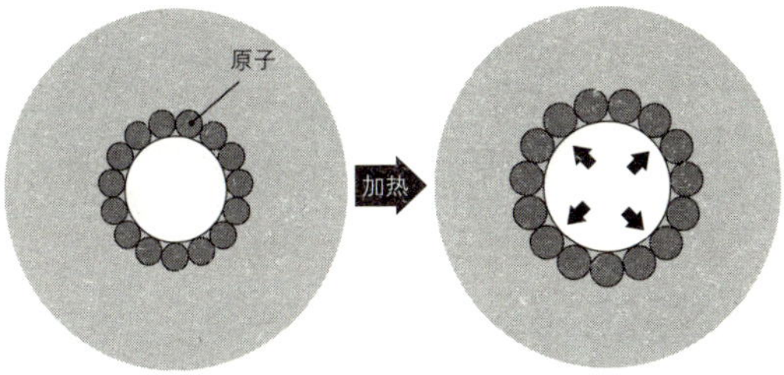

五日元硬币边缘处的原子的状态

接下来，我们可以尝试从原子的角度来思考这一问题。五日元的硬币也是由原子构成的。像硬币这样的固体，都是由原子振动排列而成的。

当对其加热时，一个个原子的运动变得激烈起来，其运动的空间也扩大了，包括原子运动的空间在内，一个个的原子都膨胀了。

所以说，加热会使原子（同时包括原子运动的空间）膨胀。而圆孔边缘的原子，并不会向着圆孔的中心方向膨胀，因为膨胀只可能朝着圆孔外侧的方向进行。也就是说，当我们加热物体时，物体是向外侧膨胀的。因此，加热五日元硬币时，其中间的圆孔会变大。

如果换成中间没有圆孔的十日元硬币，也是同样的道理。加热时，十日元硬币会整体膨胀。大家可以在脑中想象下面的内容。

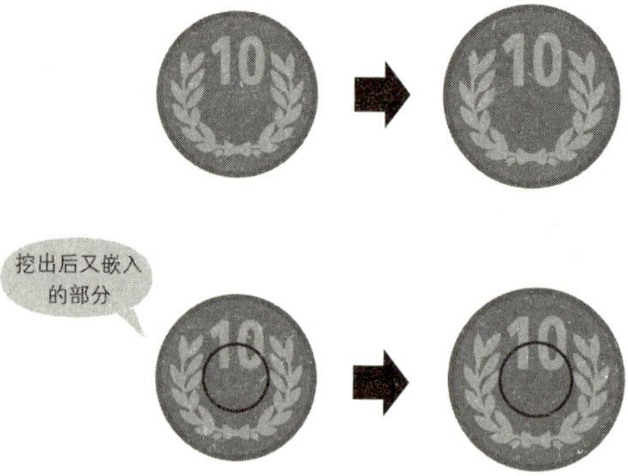

加热后整体膨胀

在十日元的硬币中间挖出一个圆孔来，然后将挖出的金属再次嵌回到硬币中。这时再对其进行加热，硬币仍然还是会整体膨胀。

当然，被加热的十日元硬币，其中间嵌入的部分也会发生膨胀。此时，如果将中间嵌入的部分取出来观察，会发现硬币中间的圆孔的确是变大了。

厨房中常见到的瓶盖（用金属制成的），中间也会有圆孔。当我们无法取下瓶盖时，可以对其进行加热，然后就能轻松地将其取下了，这是因为比起玻璃来，金属瓶盖发生了膨胀（瓶盖中间的圆孔也会变大）。

下次可以观察这种金属瓶盖，其与中间有圆孔的硬币是相同的结构。

我们都穿着“空气衣服”

“呼——”吹气时为什么会感觉凉快?

比较一下，对着手掌张大嘴巴慢慢地哈出一口气，与噘着嘴“呼”地吹出一口气，两者带来的不同感觉。我们感觉到的温度是不一样的，明显吹气时感觉更凉快。那么，这是为什么呢?

假设空气的温度（气温）为 30℃。一般夏季的气温就是大约 30℃，此时如果没有风，我们就会觉得“炎热”。

因为我们身体的表面（皮肤）紧贴着不流动的空气层，这种不流动的空气层厚度越厚，就越难传导热量。

空气属于隔热物质。所以，也可以说我们都穿着“空气衣服”。因此，即使周围的温度是比体温（约 37℃）还低的 30℃，皮肤的温度也不会降到 30℃，而是一直维持着高于 30℃的温度。

但是，当有风吹来时，不流动的空气层（空气衣服）就会变稀薄。风力越强，空气层就会变得越加稀薄。无风时，空气层的厚度约为 6 毫米；风速为每秒 1 米时，则变为 1.5 毫米厚；风速为每秒 10 米时，则仅为 0.3 毫米厚。而通常电风扇吹出的风速约为每秒 3 米。

也就是说，不流动的空气层变得越稀薄，我们的身体就越容易被气温 30℃的空气降温，从而感觉到凉爽。

哈气时，哈出的气息会带有身体的温度。吹气时，噘着嘴吹出的气息不只是从嘴巴中呼出的气息，还会卷起嘴巴周围的空气，形成气流。这样一来，由于被卷入的空气温度为 30℃，所以吹出的气息也会低于人体的温度。当我们分别对着手掌哈气与吹气时，吹气的动作就会和使用电风扇一样，实现让不可流动的空气层变稀薄的效果。

人类梦想的永动机

向永动机发起的挑战

人类挑战制造永动机的历史，就是“能量守恒定律”等一系列自然定律被确立的历史。虽然专利局已明确不再把永动机列为“发明”类，但是在现代，关于永动机的新闻还是反复被提起，特别是投资者（企业和投资家）仍对此心驰神往。

如果这样的装置真的实现，那么我们就不用再担心资源的枯竭，也不用再担忧因燃烧石油和煤炭产生的二氧化碳气体对大气的污染了。

所以，人类在很长的时间里都梦想着能发明出永动机。例如，古希腊的阿基米德（前 287 ～前 212）曾发明了被称作“阿基米德螺旋”的抽水泵。后来，人们就想在此基础上加以改造制成永动机。

阿基米德螺旋（抽水泵）示意图

这种永动机的想法，是将一端放入水中，然后用力旋转螺旋体，将下方的水通过螺旋状的沟槽汲取上来。

当最开始的水抽上来后，让其回落下去并带动水车旋转，然后水车旋转的动力又驱动螺旋体，之后就完全不需要人力的干预了，可以一直反复地运动下去。

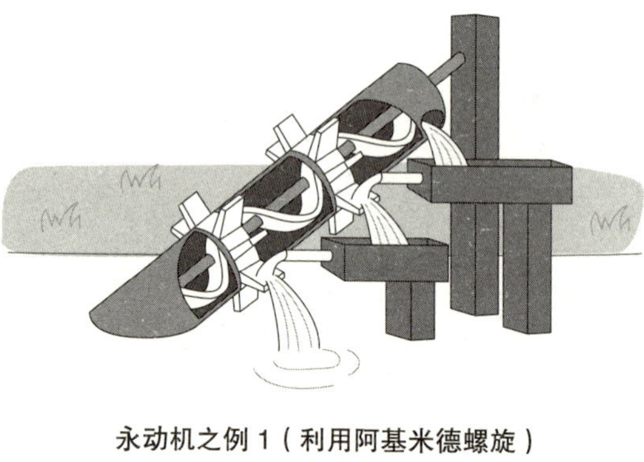

永动机之例 1（利用阿基米德螺旋）

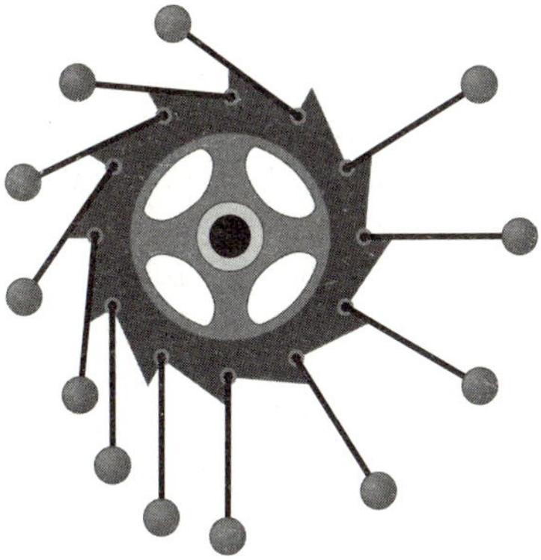

永动机之例 2（利用对左右平衡的破坏）[①]

永动机之例 3（利用毛细现象）

这个装置要想永远运动下去，最初依靠人力抽上来的水，在落下使水车转动时，其所携带的势能必须毫无损失

① 永动机之例 2、例 3 引用自维基百科“永动机”词条，仅供参考。

地作用到水车上，而水车旋转产生的能量也必须毫无损失地用于抽水，这样循环往复才可以。但是实际上，最初被抽上来的水的势能，只有一部分被用于让水车旋转，而水车旋转抽水时，也会有热能产生导致能量损失。因此，装置很快就会停下。

那么例 2、例 3 这样的永动机又会怎样呢？

例 2 是一个类似表盘的永动机结构，当转动到上方时，上面带有小球的棒子会倒下来，由于与支点的距离变长，装置的右侧就会变重，然后使整个装置继续转动。

可实际情况是，位于装置左侧的棒子数量很多，使得左右两侧达成平衡状态而停止下来。

还有像例3这样，利用“毛细现象”来制作的永动机。“毛细现象”，是指将毛细管插入液体时，液体会沿毛细管上升，最终高于或低于外部的液面，所以也被称为“毛细管现象”。将毛巾一半放入浴缸，另一半没有沾到热水的毛巾也会有水渗出，这就是毛细现象造成的。

利用毛细现象，让毛细管吸上来的水回落，形成逆时针方向的水流。或者，在水落下的位置放置一个水车，以使水车旋转工作。

当然，条件设想得很好，可是利用毛细现象吸上来的水，却并没有从毛细管落下。

也许真是永动机？

科学历史上也有过犹豫“也许这真的是永动机吧”的时候。例如，意大利物理学家伏打（1745 ～ 1827）发明的电堆（英文为“pile”）。他用数十个锌片与铜片夹以盐水浸湿的布，叠成电堆产生了电流。

当时科学界存在两种观点：铜片与锌片互相接触产生电流的“接触论”，以及认为两者是依靠化学反应来产生电流的“化学作用论”。以“接触论”的观点来看，如果铜片与锌片在整个发电的过程中，确实没有发生变化的话，那么这应该就真的是一个永动机了。

但是，伏打电堆经长时间使用后，金属会腐蚀。

英国的物理学家法拉第（1791 ～ 1867）将摩擦起电、动物体内的生物电、电动势、电磁感应等所产生的电流，通过生理作用、影响磁针摆动以及电化学作用等角度进行比较，得出结论“无论哪种都是同一原理，差别只在于产生电流的强弱而已”。关于伏打电堆，他认为如果按照接触论理论“这是从无中生有所得到的力。但是，通过对电鱼这种生物的分析可以知道，要创造、产生出力就必须消耗其他的力才能做到。所以，我们可以将化学力变成电流，也能将电流再变回化学力[①]”。

①笔者注：这里的“力”应该指的是能量。

热力学第一定律、第二定律的确立

像这样，人们不断地以科学的方式对永动机进行探索。

但最后，各种制造永动机的尝试都以失败而告终。

不断探索的结果，是人们终于清楚地明白了“效率能达到 100% 以上的装置（第一类永动机）是不存在的”。因为“输出的能量不可能大于输入的能量”。

这被称为“热力学第一定律”（也叫“能量守恒定律”）。

另外，即使在满足能量守恒定律的前提下，“将从热源获得的热能，以完全的形式转换成其他能量的装置（第二类永动机）也是不存在的”。“因为热现象一般是不可逆的”，也就是说，“热能不可能自发地从温度低的物体向温度高的物体流动”“热能装置不可能 100% 地将热能用来做功”，这被称为“热力学第二定律”。如果真的存在这样的装置，那么将可以从海洋、大气中的热能中获取无限的能量了。

制作永动机的许多挑战都宣告失败了，但是其带来的结果却是“能量守恒定律”等一系列自然定律被确立。

但是不管哪个时代，好像人的本性中都潜伏着叛逆的精神，人们总想要挑战这些自然定律。

一封又一封寄来的永动机专利申请，让美国专利商标局十分头疼，于是宣布“今后在申请此类专利时，申请者必须附带有可以实际运转的模型”。

而日本专利局也已经正式规定，以永动机为例的申请不得列为“发明”类：

> （三）违反自然定律的物品
>
> 对于所发明物品的某些特定条件要求，如若采用违反热力学第二定律的手段（如所谓的“永动机”），该申请将不被认定为“发明”。

所以，即使在日本提出关于永动机的申请，也会因通不过审查而不被批准。

发明“从无中生有产生能量”的装置？

报纸和电视中，时不时地就会出现关于永动机的新闻。

例如，19 世纪末约翰·基利发明的“基利马达”。

他宣称可以从原子与原子之间的“能媒”中得到巨大的力，并且展示了不需要用电就能使马达旋转的实验。其引来了投资者的大量资金，到死都一直在欺骗大众。在他死后，人们在地板下发现了其所使用的压缩空气装置。

2001 年，日本东京电视台的一档名为《新能源革命》的节目，报道了湊弘平所开发的磁力旋转装置。其是一种将永磁铁排列在圆盘上，通过控制吸引力与排斥力，从永磁铁中获得能量的装置。

这使得可以“无中生有产生能量”的装置能解决世界能源问题等一系列说法接踵而至，但现在看来，只能说是磁铁的磁力给这位“发明者”以及同样为科学门外汉的记者、节目制作组带来了想象力，因为那不过是一个安装了磁铁的奇怪装置而已。

20 世纪时，类似的装置就常常出现在电视等媒体的报道中。当然，与过去的那些永动机一样，它们实际上是不可能让输出的能量大于输入的能量的。但有时，这些装置又会被冠以“世纪大发明”的名号被报纸和电视等媒体大肆宣传，“发明者”便能以此来吸引投资者，募集资金，操控股价。

这种“无中生有产生能量”的装置，别名也叫作“自由能机械”。所谓“自由能”，是指“充满整个空间的某种未知能量”，然后将这种能量拿来利用的形式。

研究自由能的人们，都是将“能量守恒定律”成立条件夸张许多的经验派，也就是依靠自身的经验，认为“即使出现违反能量守恒定律的现象也不足为奇”。但是，他们却无法拿出这种可以“无中生有产生能量”的装置的实例，由此反而印证了“能量守恒定律”的坚不可摧。

2008 年又出现了有关“依靠水的能量来驱动的汽车”的报道。不依靠任何的能量，仅用水来当作燃料，真可谓是现代社会的“永动机”了。

据称，这种汽车是靠水与空气做成的燃料电池来驱动的，要用这种燃料电池来开动汽车，需要先将金属放入水中让其发生反应产生氢气。所以，归根结底，它利用的还是金属所带有的能量，而不是将水当作燃料。

很久以来，这些宣传都沦为了从对科学一无所知的投资者那里募集资金的手段。无论是把水变成燃料（油）的技术，还是将垃圾变成煤油的技术，以及号称输出能量大于输入能量的马达等都是为了吸引投资。

科幻作家山本弘就表示“研究‘自由能’的历史，可以说就是一部欺诈史。自古以来，围绕‘自由能’进行的忽悠、虚假夸大的宣传都横行于世”。而我对此也有同感。各位读者可千万别上当。

这么多次挑战的结果，
就是弄清楚了永动机
不可能实现。

第3部分

重量、重力、浮力、密度、压力

吃 1 千克食物体重会如何变化？

体重到底会增加多少？

假设，我们吃了 1 千克（kg）的食物，那么，饭前与饭后相比，身体的体重（质量）会发生什么变化呢？

• 食物只是被吃进了肚子，体重并不会增加。

• 食物吃进肚子后经过消化，我们的体重即使没增加 1 千克，也应该会增加几百克（g）。

• 食物经过消化与吸收后，全部转化为体重，即体重会正好增加 1 千克。

有兴趣的人可以尝试亲身试验一下。比如喝下 1 千克的果汁（注意千万别撑坏肚子）。在喝之前先称好体重，然后在喝完 1 千克的果汁后再称一次。

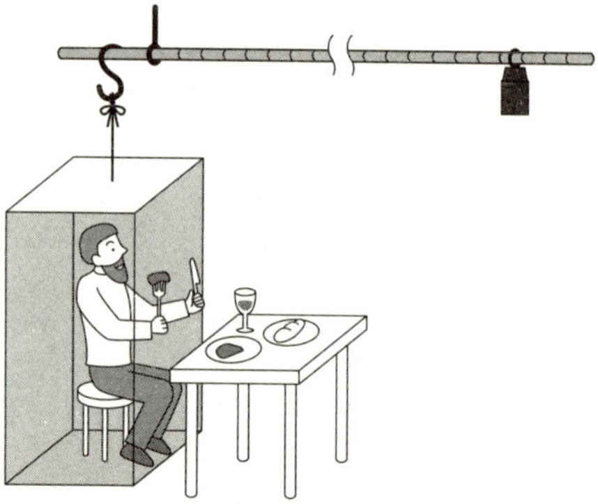

桑托里奥的装置

当体重计的刻度指针还在动时，请耐心等待其停止。这样会发现体重刚好增加了 1 千克。也许看到这里你会觉得这是理所当然的。

那么，经过一段时间以后，体重又会如何变化呢？为了弄清楚食物在体内是如何变化，以及体重是如何变化的，意大利人桑托里奥（1561 ～ 1636）做了下面的实验。

桑托里奥设计了一种大型的天平，可以让人坐在其中并可称出体重。

即使在这个装置中进行大便和小便，也会被计算重量（质量）。因此，人一天内都待在这个天平的座位上，包括吃喝拉撒，每次都会有质量的变化。他对食物、饮料、大小便——所有的质量都进行了称量。

消失的质量

吃下去食物，身体的质量就会增加，而大小便后也会减少相应的质量。但是，比起一天内所吃的食物的质量，通过大小便排出体外的质量仅能算一小部分。

这样一来，用吃进体内的食物和饮料的质量减去大小便的质量，体重总体上应该增加才是。可是，一天下来所称得的体重与前一天相比，竟然几乎相同。那剩下的质量究竟去了哪里呢？

桑托里奥进行了如下的思考。

“恐怕，摄入体内的食物与饮料的一部分，以人的肉眼无法看到的形式排出了体外。因为这部分的缺失，体重才没有增加。”

以人的肉眼无法看到的形式排出体外的究竟是什么东西呢？答案就是从皮肤表面蒸发的水分。说来可能让人大吃一惊，一天中会有约 1 升的水分通过我们的皮肤表面“逃至”大气中，其质量约为 1 千克。

即便完全不出汗、不排尿，成人每日也会通过皮肤表面和呼吸道蒸发掉约 900 毫升的水分。与出汗和排尿不同的是，人体对这种水分的蒸发是完全不会有感觉的，所以叫作“无感蒸发”。

现在大部分人家中的体重秤，最小刻度都是 100 克的吧。你也可以在每天起床后，称一称一天中自己的体重是如何变化的。这会很有趣的。

特别是做了可能使体重发生变化的事情之后，你就称一下体重，看看“改变了多少”。基本上，进食后体重会增加，而大小便后体重会减少。至于“洗完澡后如何变化”“睡完觉起床后如何变化”等这些情况，也推荐大家尝试一下，会非常有意思呢。

称一称空气的重量

伽利略·伽利雷称出了空气的重量

以“地动说”闻名于世的意大利科学家伽利略·伽利雷（1564 ～ 1642），在其于 1638 年发表的《关于两门新科学的对话》一书中，记录了对空气重量（质量）的称量实验。

他制作了一个可以让内部的空气无法漏出的带盖容器（用皮制成的袋子），然后用手压泵向其中打气，将空气装进去。这样就在容器中装入了几倍于其容积的空气。接着称出容器的重量，然后打开盖子放出空气，再称一次重量，放出空气后，袋子的重量减轻了。

现在，我们可以用空的喷雾剂罐子来做同样的实验。将自行车的气门芯直接插在空罐子的头部，按下喷雾剂顶上的按钮，这样就能让空气进入罐子。然后称出喷雾剂罐子的重量，接着在桶中放水并倒置一个1升容积的量筒，从喷雾剂罐子中释放出1升的空气，接着再称一次重量，就能算出1升空气的重量了。1升空气重量约为1.2克。

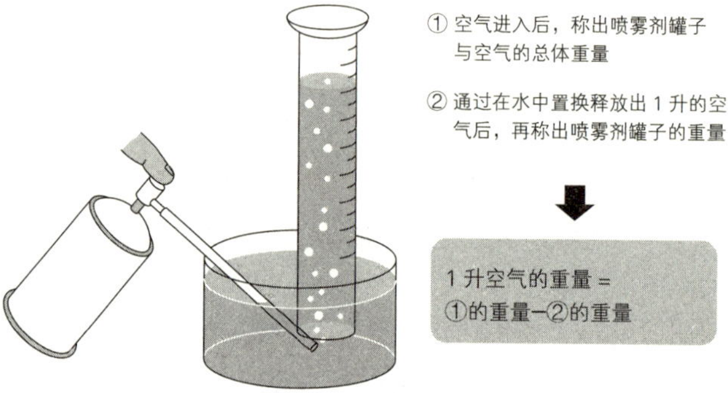

空气重量的称量方法

将教室里的空气集中起来有多重?

前面已经算出1升空气的重量（质量）为1.2克，而一日元硬币的重量刚好是1克。所以，与固体或液体比起来，作为气体的空气还真的是很轻啊。

学校教室的大小，长和宽都是8米，高约3米。

将一般教室中的空气重量称出来，总体应该会有多重呢？

教室的体积：

8（米）×8（米）×3（米）=192（立方米）。

长、宽、高均为1米的立方体，其体积等于1立方米，容积等于1000升[①]。所以，该教室的空气体积就应该是192×1000升。

1升空气的重量为1.2克，因此，已知总体的体积，则：

总重量=1.2克/升×总容积（升）

=1.2克/升×192×1000升

=230400克≈230千克

所以，一间教室中的空气，其总重量会超过200千克。以前常说“积沙成山”，现在看来，看似很轻的空气，大量累积后也会非常重啊。

---

①因为：1升=1000立方厘米

所以：1（米）×1（米）×1（米）

=100（厘米）×100（厘米）×100（厘米）

=1000000（立方厘米）

=1000（升）

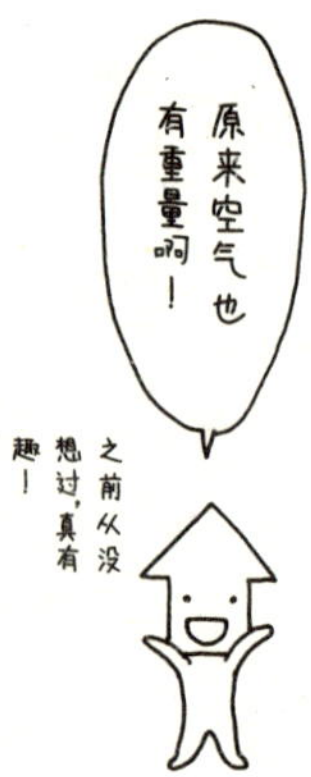
原来空气也有重量啊！
之前从没想过，真有趣！

万有引力与质量

牛顿发现了万有引力

所有的物体，相互之间都会彼此吸引。这种物体间相互吸引的力被称为“万有引力”。“万有引力”一词中的“万”指的是所有物体，“有”则是“拥有、存在”的意思。

万有引力最早是在 17 世纪由艾萨克·牛顿发现的。

他指出所有的物体之间都存在着相互吸引的力（引力），例如，桌子、椅子和笔记本之间就存在着引力，而桌子与椅子之间、桌子与摆在其上的书本之间、书本与笔记本之间也都存在着引力。

当然，我们的身体与周围的物体之间也存在着引力。但是，由于引力太过微弱，我们并不会感知到这个力。物体的质量越大，其万有引力也越大。

计算公式如下所示：

（万有引力）＝（万有引力定数）×（质量一）×（质量二）÷（距离的平方）

根据万有引力定律，物体的质量越大、距离越接近，受到的引力就越强。

地球相对于其上的所有物体来说，拥有非常大的质量。因此，地球与地球上的所有物体之间就存在着很强的引力。

由于万有引力的作用，地球会将地球上的所有物体向着地球中心的方向吸引。无论是人还是石头，都是一样的。因此，物体如果没有支撑面的话，就会一直下落。地球将其上所有物体向中心方向吸引就产生了“重力”。

仅以地球上的范围来说，各个地域的重力大小也是不同的。由于受到地球自转产生的离心力、非均一成分，以及到地球中心的距离不同等因素的影响，不同场所的重力也是不一样的。

例如，某人在东京称自己的体重时，指针刚好指向 60 千克的刻度。

但是，同一个人同用一个体重秤，如果在冲绳称体重，结果会轻约 40 克；在札幌称的话，又会重约 40 克。也就是说，即使同在日本国内，在札幌与冲绳之间，物体的体重也会有细微变化，因为它们所受的重力大小是不一样的。

因此，为了与当地的重力相对应，需要对“秤”进行一定的调整。日本根据重力值的不同，将全国分成了十几个区，各都道府县的计量检测所都要对当地使用的秤进行检测。而生产秤的厂家，也要针对不同的地域对秤做调整后才能发货。

在月球上体重会变成大约原有的六分之一

在月球上，我们的体重就会像地球上的弹簧被压缩了一样，变成大约原有的六分之一。这是因为月球表面的重力只有地球上的六分之一。

这里我们试着用万有引力定律来进行解释。

地球的半径（赤道半径）为6378千米，月球的半径则为1738千米。

$$\frac{7.3477\times10^{22}}{1738000^2}\div\frac{5.9742\times10^{24}}{6378000^2}=0.1656$$

体重60千克的人在地球上和在月球上所受到的万有引力的比值

地球的质量为5.9742×10^{24}千克，月球的质量则为7.3477×10^{22}千克。

同样一个体重60千克的人，在地球上所受到的万有引力与在月球上所受到的万有引力之间的比值（月球上的万有

引力 ÷ 地球上的万有引力)，可以按照上面的公式来计算。

总之，如果地球上的重力为 1 的话，月球上的则只有 0.1656，也就是大约六分之一的程度。因此，在月球上即使穿着厚重的宇航服，也能轻而易举地跳起。

地球的万有引力 = 重力？

地球上的所有物体——无论是在日本、中国还是美国——任何地方的物体，都会朝着地球的中心方向被吸引。

当你将本书打开摆放在桌子上时，这一页的“下方”指的是哪里呢？

你也许会说“下方”指的应该就是印有当前页码的位置吧。

实际上，真正的“下方”应该是与摊开的纸面呈垂直角度的地球中心方向，而“上方”则是与之相反的方向。

当手捧东西时，松开手物体就会下落。这在地球对面一侧的南美洲也好、南半球的澳大利亚也好，都是同样的结果。地球上任何位置的物体都会受到向着地球中心的方向，即所谓的“下方”的重力的吸引。

重力，准确地说，应该是指在地球上处于静止状态的物体，其受到的地球万有引力与地球自转离心力的合力。赤道上的离心力最大，但即便如此，也不过约等于引力的 1/290。

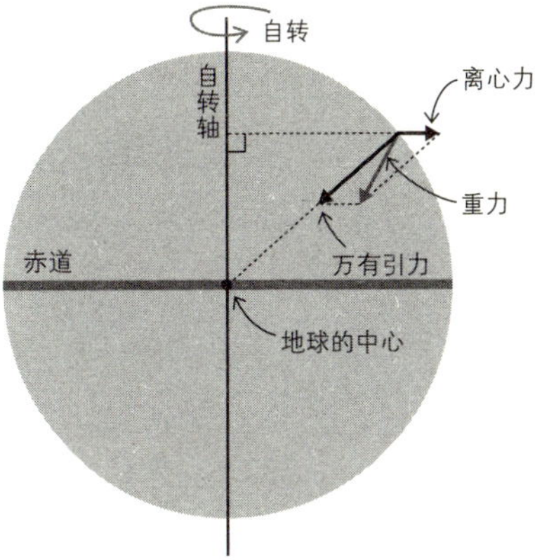

万有引力与重力

而说到“重力”一词，常常指的就是万有引力。所以，说地球上的“万有引力 = 重力”也没关系。

“重量”实际上是很模糊的词

我们在日常生活中所用到的“重量”一词，无论是指质量，还是指重力（物体所受到的重力大小），都没有差别。

理科教科书中，在小学阶段会将“重量”解释为质量，但到了中学阶段以后，就会解释为“物体所受到的重力大小”。为了避免在日常生活中使用时发生混乱的情况，所以建议分别采用“质量”与“重量”来进行表述。因此，当我们在说重量时，也有可能指的是质量。

质量，指的是物体所拥有的、无论在何地都不会变化的量，单位为“克”和“千克”。

100 克的物体，无论在何地都仍然是 100 克的质量，即使在宇宙飞船中也不会改变。

体重为 50 千克的人，其在宇宙飞船或月球上时仍然是 50 千克。因为构成其身体的原子数量和种类没有发生变化，因此无论身在何地，其质量都是相同的。

可是，由于宇宙飞船或月球上的重力是很小的，所以，虽然实质的量（也就是质量）没有改变，但与在地球上相比，在宇宙飞船或月球上重量会显得要轻很多。

什么是 1 牛顿？

国际单位制中，将发现万有引力的牛顿的名字作为表示力量大小的单位，写作“牛顿（N）”。

以前，在中学理科教学中还曾用过“克重（g 重）”和“千克重（kg 重）”这样的单位。大概从十几年前开始，中学理科教科书都统一采用“牛顿”单位了。[①]

所谓“国际单位制”，是对各种独立体系的米制单位的整理，其包括了基本单位、辅助单位和导出单位，以及与

① 译者注：此处指的应是日本教科书的情况。

之对应的构成倍数、分数的单位制。七个基本单位是：米（长度）、千克（质量）、秒（时间）、安培（电流）、开尔文（温度）、坎德拉（发光强度）、摩尔（物质的量）。两个辅助单位是：弧度和球面角。

1 牛顿，是指质量为 100 克的物体在地球上所受到的重力的大小。更精确地说，应该是质量为 102 克的物体在地球上所受到的重力的大小。

总之，质量为 1 千克的物体的重量，等于 9.8 牛顿。

因此，质量为 x 千克的物体的重量（牛顿），就等于 9.8 牛顿 / 千克 × 质量（x 千克）。

如质量为 0.1 千克的物体的重量，等于 9.8 牛顿 / 千克 ×0.1 千克 =0.98 牛顿。

而质量为 10kg 的物体的重量，等于 9.8 牛顿 / 千克 ×10 千克 =98 牛顿。

什么是失重状态?

你应该看过电视上播放的国际宇宙空间站（ISS）中的视频影像吧——宇航员和空间站中的物品都是飘浮在空中的样子。这就是失重的状态（零重力状态）。

那么，为什么国际宇宙空间站中会是失重的状态呢？

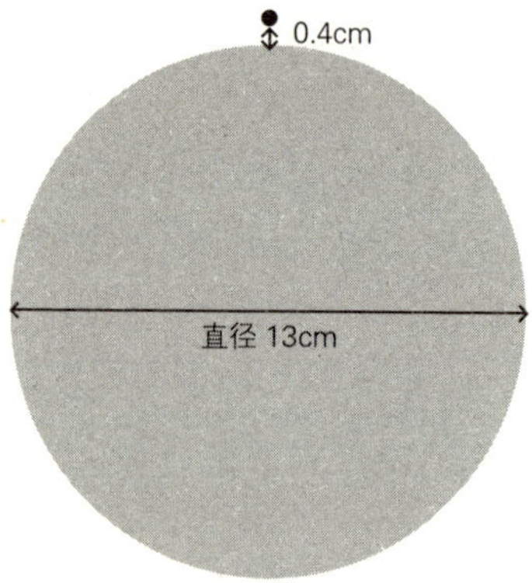

缩小成一亿分之一的地球与国际宇宙空间站的相对位置

是因为其距离地球很远的原因吗？

国际宇宙空间站运行的轨道高度距离地面约 400 千米。由此，可以将地球缩小成一亿分之一的比例来看两者的相对位置。

地球是一个直径约为 13000 千米的球体，因此缩小成一亿分之一的比例时，其直径约为 13 厘米。而国际宇宙空间站就位于距离这个缩小的地球表面仅 0.4 厘米的上空。

万有引力定律

因为（万有引力）=（万有引力定数）×（质量一）×（质量二）÷（距离的平方），所以重力与物体间距离的平方成反比，但距离地球表面此高度时，重力的大小相比于地面上时，也仅减少 10% 而已。所以，国际宇宙空间站所受到的地球重力基本没怎么改变。当然，也不能说“宇宙空间是真空的，所以是失重的状态”，因为无论是在真空中还是在宇宙空间中，万有引力定律都是成立的。

那么，是什么原因导致失重的状态呢?

秘密就在所谓的“第一宇宙速度”中。

当我们投球时，球会受到重力的影响，边下落边向前飞行，并最终落在地面上。如果用更大的力气去投掷的话，球就会落在更远一些的地方。

如果用更大的力气去投掷，球就会沿着地球表面画出一道巨大的弧度向前飞行。如果用比这还要大的力气去投球的话，随着速度的上升，球会在绕地球一圈后又回到投球的位置。由于地球是圆的，所以球不会再掉落地面，而是围绕地球做匀速圆周运动。

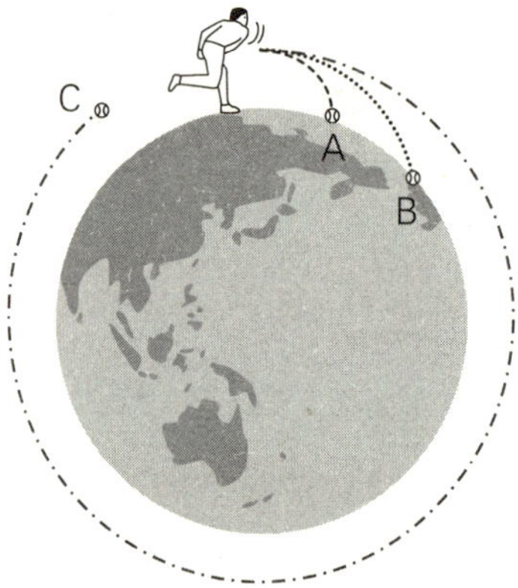

以“第一宇宙速度”投掷出的球（C）

此时的速度就被称为“第一宇宙速度”。国际宇宙空间站是以每秒 7700 ～ 7900 米的速度围绕地球运行的。船体也好，其中的航天员也好，都受到地球引力的作用，全体是呈下落的势态，但不需要有物体来对其支撑。由于眼前的物体都与航天员一样，同为下落的状态，所以看起来就像是浮在空中了。虽然也有另一种解释：“因为地球的重力与轨道运行的离心力相互抵消了”，但由于太过复杂，这里就不再深入讨论了。

这种失重的状态在地球上也能制造出来。

在自由下落的电梯或是飞机中，都会形成失重的状态，人会飘浮起来。在拍摄有宇宙飞船场景的电影时，工作人员会事先在飞机机舱中布置好场景，然后让飞机快速下降（当然，也不能让飞机撞到地面坠毁）。这样一来，机舱中就形成了失重的状态，可以拍摄到人和道具飘浮在空中的画面了。

失重状态下蜡烛的火焰会是什么样子？

在有重力的世界里，重的（准确地说是密度大的）空气会下沉，轻的空气会上升，从而形成对流。但是，在失重的状态下，这种对流就无法形成。

在有重力的世界里，点燃蜡烛后，蜡油会变成液体并沿着棉芯由液体变成气体后燃烧。燃烧的石蜡蒸气与周围被加热的空气变得很轻，并在较重的空气支撑下向上升。蜡烛的火焰因受到石蜡蒸气与空气运动的影响，呈细长的形状。较轻的空气上升也带来了新鲜的空气，使得蜡烛能持续燃烧。

但是，在失重的状态下，因为无法形成对流，空气也就不会上升。所以蜡烛的火焰呈圆形，并且由于没有新鲜空气的供给，蜡烛会熄灭。

在国际宇宙空间站中，宇航员自己呼出的气息（呼气）并不会在自身周围运动。所以，持续呼气的话会造成缺氧的情况。因此需要有空气的循环装置。

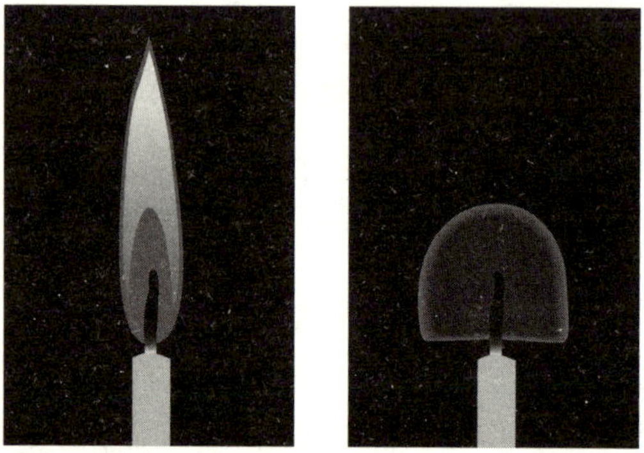

地球上与失重状态下的蜡烛火焰的不同（NASA 提供）

那么，在失重的状态下，以下的场景描述哪些会是正确的呢？

（题目来源：田崎真理子）

①身体不固定的两人击掌后，会互相远离对方。

②身体不固定的两人拔河时，会互相接近对方。

③钟摆会缓慢地摆动。

④油与水会充分混合无法分离。

⑤纸飞机会沿投掷的方向笔直飞行。

正确的应该是①②④。

①由于相互间受到来自对方的力，所以会朝着反方向运动。

②在拔河时由于没有脚踩地面，所以身体会相互接近。

③由于没有重力，对摆锤施加初始速度后，其会以中心为支点一直做旋转运动。

④在地球上，因水和油的比重不同彼此能够分离，但重力消失时就无法分离。

⑤纸飞机依靠空气的流动产生升力飞行，但如果不受重力的话，就会朝上飞去。

为什么会有上浮与下沉?

质量与密度

我们日常生活中所用的“重、轻”的概念，可以指的是“整体的质量”和“与体积对应的质量”这两个意思。

说起物体的上浮与下沉，常常是“重的物体会下沉，轻的物体会上浮”，这里所说的“轻重”其实就是指与体积相对应的质量。

物体一立方厘米的质量叫作“密度”。知道了物质的密度，再将其与液体密度的大小进行比较，就能知道当物体放进该液体时，到底会上浮还是下沉。当放入物体的密度小于液体的密度时，该物体就会上浮。

要计算某个物体的密度，就需要测量其质量与体积。例如，某物体的质量为 393 克，体积为 50 立方厘米。

要计算 1 立方厘米的质量，就要用 393 克除以 50 立方厘米，也就是：

393 克 ÷50 立方厘米 =7.8 克 / 立方厘米，所以其密度就是 7.8 克 / 立方厘米。也就是说，密度用质量 ÷ 体积的值来表示。

$$密度=\frac{质量}{体积}$$

密度的单位为“克 / 立方厘米（g/cm^3）”，这个单位就表示“物体 1 立方厘米的质量为多少克”，读作“克每立方厘米”。

冰可以浮在水上的真相是……

几乎所有的物质，在相同体积下，固体都会重于液体。也就是说，固体的密度要大于液体的密度。由于固体的原子、分子都紧密排列在一起，所以密度会比较大。

在熔化的液态蜡中放入的固态蜡会下沉。在高温下熔化的氯化钠（食盐的主要成分）中，放入的固态氯化钠也会下沉。用液态氮冷却的固态乙醇（酒的主要成分就是乙醇）也会在液态乙醇中下沉。

但是，像“水”和“锑”等这样极少数的物质却相反，其呈固态时密度会变小。因此，固态的冰块会浮在液态的水上。相同体积的固态冰块比液态的水要轻，这在物质中是非常罕见的。

冰块的密度在 0℃时为 0.9168 克 / 立方厘米。当冰块融化成液体后，其体积会缩小约 10%；变成 0℃时，其密度为 0.9998 克 / 立方厘米的水；4℃时，其密度达到最大值 0.999973 克 / 立方厘米。

液体的物质，几乎都会随着温度的上升膨胀变轻，但是水会在 4℃时变得最重。

如果冰比 4℃的水重的话，湖水、河流、大海就会从底部开始冻结。而现实中却并不是这样的，水中的生物在冰面的保护下，即使温度很低也能够生存。

水之所以不像大部分物质那样，相同体积下的固态会比液态要重，是因为当水变成冰时，其内部结构会产生很多的间隙。而当冰融化成水时，这种结构中的一部分间隙会变小，因此固态的冰要比液态的水还轻。

有能沉入水中的木片吗？

水的密度为 1 克 / 立方厘米，若有大于这密度的固体，投入水中就会下沉。

黑檀木是一种常用来制作高级佛祖檀和手杖的木材。正如其名字那样，它通体呈黑色且很坚硬。其密度为

1.1 ～ 1.3 克 / 立方厘米。

由于比水的密度还大，所以其会沉入水中。

一般的木片的中间会有间隙，平均密度要小于水的密度，所以会浮在水上。例如，柏木的密度为 0.49 克 / 立方厘米。对柏木施加较大的压力挤走其中的空气，就会使其沉入水里。

再举一个轻物质的代表——棉花。由于其中有大量的空气，所以棉花的平均密度很小，但是用力将其压成一团完全挤走空气后，其密度就变为 1.5 克 / 立方厘米。这样再放入水中的话，由于空气变成气泡跑走了，所以它也会下沉。棉花常给人以很轻的印象，但并没有轻到能够浮在水上哟。

运用上浮与下沉来判断鸡蛋的新鲜度

这里我们来介绍运用上浮与下沉来判断鸡蛋新鲜度的方法。

新鲜鸡蛋的密度为 1.08 ～ 1.09 克 / 立方厘米。鸡蛋放久了之后，水分会从蛋壳表面的小孔中蒸发掉，导致气室（鸡蛋的圆头部分有空气进入的地方）变大。这样，由于空气要比液态的水轻很多，所以鸡蛋整体也会变轻。虽然体积没有发生改变，但它整体的密度变小了。

将鸡蛋放入浓度为 10% 的食盐水（质量配比上将水与盐

以 9:1 的比例混合而成）中观察。10% 浓度的食盐水其密度约为 1.07 克 / 立方厘米，而新鲜鸡蛋的密度为 1.08 ～ 1.09 克 / 立方厘米，所以新鲜的鸡蛋肯定会下沉。不新鲜的鸡蛋由于其密度小于 1.07 克 / 立方厘米，所以会在食盐水中竖起或上浮。

而如果换成 15% 浓度的食盐水，其密度约为 1.1 克 / 立方厘米，这样的话，即使是新鲜鸡蛋也会浮起来。

食盐水（20℃）的浓度与密度（单位：g/cm^3）

浓　度	密　度
1%	1.00
5%	1.034
10%	1.071
15%	1.109
20%	1.149

鸡蛋在砂糖水中能浮起来吗？

那么，鸡蛋能否在砂糖水中浮起来呢？要让砂糖水（20℃）的密度与 15% 浓度的食盐水相同，需要浓度为 25% 的砂糖水（密度为 1.1 克 / 立方厘米）才行。质量配比上要将水与砂糖以 4:1 的比例相混合。因此，必须要溶解大量的砂糖，只有这样才能让鸡蛋在砂糖水中漂浮起来。

砂糖水（20℃）的浓度与密度（单位：g/cm³）

浓度	密度
5%	1.018
10%	1.038
15%	1.059
20%	1.081
25%	1.104
30%	1.127

人体的密度是多少呢?

中学生太郎遇到了一个难题，学校布置的家庭作业是“请测出自己身体的密度”。他思考着：“密度需要用质量除以体积才能算出来，质量的话用体重秤就能简单测出，但是体积的话要怎样进行测量呢？”

太郎想起了之前做过的一个实验——“要测量形状不规则的小石块的体积，可以将小石块放入装有水的量筒，多出来的水的体积就等于小石块的体积”。于是，他决定用家里的浴缸来做类似的实验。

首先，用体重秤称出自己的体重，为 49 千克。

然后，在浴缸中放水，对水面的高度做标记。接着迅速地脱掉衣服，光着身子潜到水中。此时需要他的哥哥在一旁协助。但哥哥一定会觉得“这真是个奇怪的家庭作业啊”！

太郎潜入水中后，水面会上升。此时，在上升的位置做上标记。

可以分别在“大口吸气”时和“大口呼气”时做两个标记，然后会发现“大口吸气”时的水面要比“大口呼气”时的水面高出一点点。

接下来的部分会有些复杂。用水桶向浴缸中注水，让“初始的水面”上升至“潜水时的标记”。经过测量，水桶一次刚好可以注入 3 升的水。

经过水桶 17 次 + 0.5 升的注水后，水面与大口吸气时的标记持平，即注入了 51.5 升水；经过水桶 16 次 + 1/7 升的注水后，水面与大口呼气时的标记持平，即注入了 48.7 升水。虽然不完全准确，但大致是吻合的。

然后进行计算。因为密度的单位是“克 / 立方厘米”，所以质量要采用“克”，体积要采用“立方厘米”来计算。最终求得人体的密度是与水大致相同的。至此，太郎的实验就完成了。

虽然我们的身体的平均密度与水大致相同，都为 1 克 / 立方厘米，但是在大口吸气与大口呼气时，平均密度是会稍有差别的。

大口吸气时

$$密度 = \frac{49\times1000（克）}{51.5\times1000（立方厘米）}$$

$$=0.951 克 / 立方厘米$$

大口呼气时

$$密度 = \frac{49\times1000（克）}{48.7\times1000（立方厘米）}$$

$$=1.006 克 / 立方厘米$$

呼吸时的密度（1 升 =1000 立方厘米）

大口吸气时，潜入水中的身体会往上浮，要完完全全沉入水中是很困难的。因为此时密度会变得比水小，所以身体会浮起来。

当我们的肺中充满空气时，身体就会从水中上浮。当我们将肺中的空气完全呼出时，身体就向水下沉。而所谓的上浮也不是说完全漂浮在水面上，只是仰面时脸部和一部分身体会露出水面。

假如肺里已充满了空气，但身体的密度仍大于水的密度的话，那么这个人不管怎样挣扎，最终都是会沉入水里的。所以说，真正的“旱鸭子”是不存在的。人之所以会溺水，主要是因为水进到了肺里导致的。

金属的密度

金属的名称	密　度 （单位：g/cm^3）
铝	2.7
铁	7.9
银	10.5
铅	11.3
水银	13.6
钨	19.1
金	19.3

能让铁球漂浮的液体

一般来说，铁做的球当然是会沉入水里的。但是如果换成水银这种相同体积下很重（密度很大）的液体，铁球就能漂浮其上了。而将用于制作白炽灯灯丝的金属物质“钨”放到水银中时，它是会下沉的。

说起比水银密度还大的物质，还有黄金。我有一位朋友就曾经将黄金制成的结婚戒指放到水银中。

还有的人将自己父亲的高尔夫纪念金币也放进去了。黄金会沉入水银，但从水银中取出的金币和戒指，其表面的金色会消失，取而代之变成了银色。这是因为当黄金与水银接触时会发生化学反应，形成汞合金（与水银形成的合金），所以黄金的表面变成了汞合金。

阿基米德通过密度的不同识破了王冠之谜

曾经有这样一个传说。

距今两千多年前的古希腊，有一个叫锡拉库扎的小国。有一天，国王将一个金块交给一名工匠，让他打造出精美绝伦的黄金王冠。

后来，黄金王冠终于做好了。可是，却有很多流言蜚语传到国王的耳朵里。传言说，虽然造出的黄金王冠在质量上与当初国王的那块金块相同，但其实工匠在制造王冠的过程中，往黄金中混入了银子，并私藏了被换下来的黄金。

于是，国王就命令阿基米德去把这事调查清楚。阿基米德虽然接受了这个任务，却一时想不出好的办法。几天的时间就这样过去了。

有一天，阿基米德在坐进盛满洗澡水的澡盆时，看着哗哗溢出的洗澡水，突然有了主意。“我知道了，我知道了！”他一边兴奋地大叫，一边赤裸着从澡盆中跳出来，跑向放置黄金王冠的房间。因为黄金王冠暂时是由阿基米德来保管的。

那么，他到底知道了什么呢？原来，阿基米德想到将黄金王冠沉入装满水的容器，这样溢出来的水的体积就等于黄金王冠的体积了。

再将与王冠相同质量的纯金块、纯银块用相同的方法测出各自溢出的水的体积。因为相同质量的金子与银子相比，银子的体积会更大。所以，当黄金王冠所溢出的水的体积大于纯金块时，工匠的小伎俩就被识破了。

这个故事中，阿基米德通过水来测量同质量的物体体积，也就是在测量物体的密度。

还有一个版本，是说阿基米德将相同质量的纯金块与黄金王冠分别悬挂在天平的两端，然后各自沉入水中。这样纯金块与黄金王冠各自在水中所受到的浮力是不同的，天平向纯金块的一侧下沉，而混有银子的王冠一侧则会向上翘起。

这些故事中都用到了阿基米德原理（请参考下一节的内容）。

1千克的棉花与铁哪个重?

科学谜题“到底哪个重”

有这样一道科学谜题，相信大家都听过：“1千克的棉花与1千克的铁，哪个更重？”如果将这里的“1千克”当作物体的实质的量来思考的话，答案应该是“一样重”。

那么，实际将相同质量的棉花与铁拿在手上（或者放到秤上称时），到底哪个更重呢？

问题的关键就在于，这两个物体并不是在真空的环境中，而是处于空气中的。

当物体处于空气中时，它会受到来自空气的浮力的影响。也就是说，由于空气中的浮力不同，最终结果是“铁更重一些”。

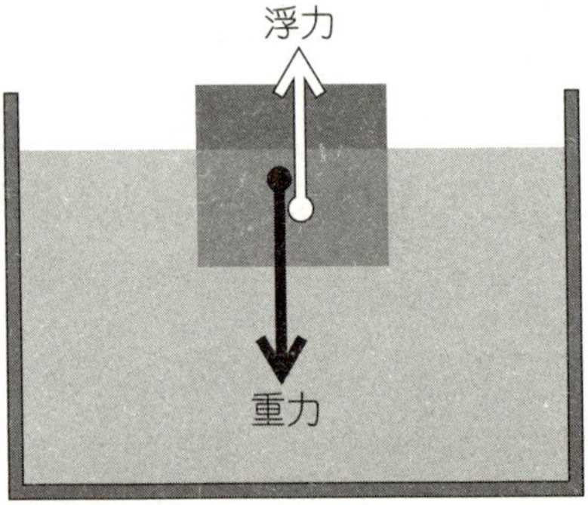

浮力与重力平衡时物体会静止

浮力与阿基米德原理

“浮力”是指，当物体处于气体或液体中时，会受到来自气体或液体的向上的力。虽然我们几乎感知不到空气中的浮力，但是我们一定都看见过氢气球和飞艇吧。

我们能感知到浮力，一般都是在坐进浴缸或者跳入泳池，或进入大海的时候。上一节《为什么会有上浮与下沉？》的内容中，也涉及了重力与浮力的关系。我们可以通过阿基米德原理求出物体在气体中或液体中所受到的浮力的大小。

阿基米德原理指出“处于气体或液体中的物体，其所受的浮力与被其排开的气体或液体所受的重力大小相同”。由于气体、液体与固体不同，其形状并不固定且易变，所以可将二者统称为“流体”。因此，上面的话也可以说成“处于流体中的物体，其所受的浮力与被其排开的流体所受的重力大小相同”。

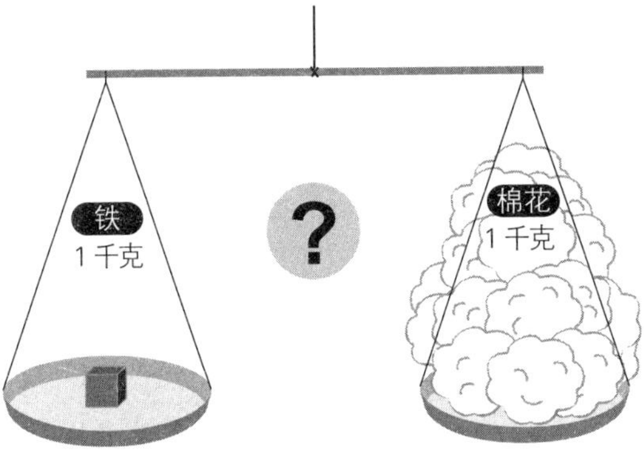

1 千克的棉花与 1 千克的铁，到底哪个更重?

例如，当一个物体漂浮在水上时，该物体所受到的浮力相当于其在水面以下部分同样体积的水的重量。

那么，再回到开头的问题——“1 千克的棉花与 1 千克的铁，哪个更重？”由于棉花的密度比铁的密度小，所以棉花的体积会更大。

而体积越大，其在空气中就会排出更多的空气。

也就是说，棉花受到的浮力会更大，这样称重时的结果就是棉花更轻（相应地，铁就更重）。

再现死海的实验

海水的盐分浓度约为 3%，与淡水相比其密度更大，所以海水的浮力也会比淡水要大。而在自然界中还有一个位于约旦和以色列交界处的湖泊，名为“死海”，其表面的盐分浓度为 20%，而底层的盐分浓度则高达 30%。平均密度与水相同的人在进入死海后，就会自然地漂浮起来。

在死海中，有的人会仰面向上，双手摆在胸前，让长长的身体高出水面。大部分身体露出水面时，还可以抬起头来，甚至还能一边用左手撑着太阳伞，一边用右手拿书看。2007 年 3 月的一条新闻曾报道：一名男童被死海的水流带到距离岸边 3000 米的位置，整整在水中漂流了 6 小时，但没有沉下去，后来安全得救。

我曾经看过电视台播出的《再现死海》的节目。

栏目组用巨大的玻璃做成一个大池子，在其底部装有一个搅拌机，然后一边向水中倾倒盐，一边用比重计实时进行检测。若在 20℃的 100 克水中溶解约 36 克的食盐，此时，池中水的密度就会达到 1.216 克 / 立方厘米。

当池中的水接近饱和食盐水状态时，主持人跳入池中后，就可以在里面一边仰面漂浮，一边看杂志。

用氦气球让人体漂浮?

夜店常常会出售充了氦气的气球。下面我们就来思考一下氦气球的浮力。为了更容易地理解力的大小，这里不使用“牛顿”这一单位，而以数值化的方式——“质量为 1 克的物体所受到的来自地球的重力，是 1 克大小的力（重量），记作 1 克重”。

0℃时，在标准大气压下，1 升空气为 1.293 克，而氦气则为 0.178 克。因为实验条件为 20℃，所以还要再乘以 273/（20+273）（依据“查理定律”），则空气为 1.2 克，氦气为 0.17 克。

单个橡胶气球中，橡胶的重量约为 2 克重。然后再充入约 4 升的氦气，使其膨胀并将气口扎紧。此时气球中氦气的重量为 0.68 克重。总计向下的重力为 2.68 克重（实际上，充入的 4 升氦气的体积会比标准大气压时稍大一些，所以会比预想的稍重，但几乎可以忽略）。

膨胀的气球挤压了约 4 升空气的体积，通过计算得出这么多空气的重量为 4.8 克重，所以气球也受到了向上的同样大小的浮力。

向上的力 - 向下的力 =4.8 克重 -2.6 克重 =2.12 克重

一日元硬币的重量刚好是 1 克重，所以一个气球能托起 2 个一日元的硬币。

那么，如果要承托起体重 60 千克重的人，需要多少个气球呢？

60000 克重 ÷2.12 克重≈ 28300 个。

28300 个！真是个巨大的数字啊。氢气的密度是氦气的一半。所以，即便换成氢气球，也需要近一半的数量。

之所以想要进行这样的计算，是因为我想起了之前发生的、导致“气球爷爷”铃木失踪的“幻想号事件”。

1992 年 11 月 23 日，人称“气球爷爷”的铃木先生用 6 个直径 6 米的塑料氦气球以及 20 个直径 3 米的氦气球（为了使气球膨胀，共计用了总价 280 万日元的瓶装氦气，用 3 辆卡车来搬运）做成了飞行装置，然后他坐在悬挂于下方的吊篮里，从琵琶湖畔起飞，飞往美国。

第二天，日本海上保安厅的搜查机在宫城县金华山以东约 800 米的海上还发现了“幻想号”的踪影，但是在约 3 小时的监视后，“幻想号”的身影就消失在云层里，后经搜查及追踪，结果显示下落不明。

浮力的产生源于压力差

在水中，越往深处，物体受到的水压就越大。

将立方体放入水中后，其会受到来自周围的水的压力，如下页图所示。

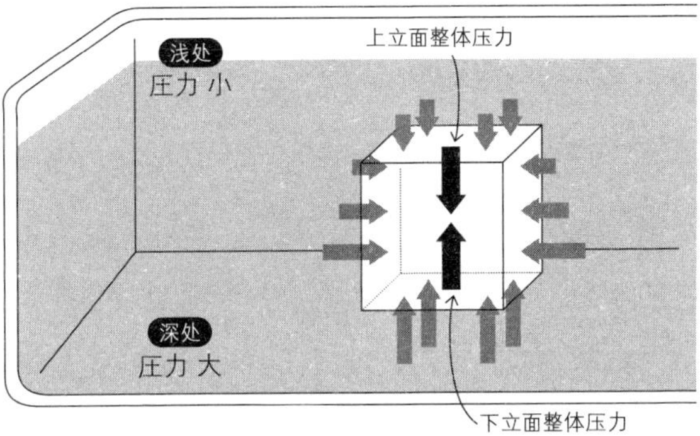

浮力的原因是压力差

由于施加在右侧与左侧的水压是相同的，因此相互抵消了。但是，来自下方的水压要大于来自上方的水压，所以最终物体会受到向上的力。这就是浮力。压力 = 力 ÷ 面积，因此，水压差乘以面积就能算出整个平面所受到的力的大小，下立面的受力与上立面的受力的差就是浮力的大小。

综上，水中浮力的大小，等于上下水压所产生的力的差，其与水的深度没有关系。另外，当形状相同时，木头也好，铁也好，其受到的浮力大小是不变的。不同的物体之所以有的会上浮，有的会下沉，是由物体所受的重力和浮力的大小关系决定的。

重力小于浮力时就会上浮，重力大于浮力时就会下沉。

比萨斜塔实验是谎言？

伽利略实验的真相

1590年的某一天。

意大利的数学、物理学研究者，当时仅26岁的伽利略·伽利雷，刚刚就任比萨大学专职讲师一职。

比萨城内有一座奇迹广场，其中矗立着一座始建于1173年的钟楼。建造之初，钟楼由于地基下沉而变得倾斜。在经历了很长时间的中断之后，钟楼得以修正并最终于1350年建造完成。这就是著名的“比萨斜塔”。这一天，伽利略从该塔的第七层上同时抛下了一轻一重两个铁球。

当时，广场上聚集了以比萨大学的教授和学生为首的大量群众，他们见证了这个实验。原本大家都预想较重的铁球会比较轻的铁球下落得更快。但是，这两个铁球却同时落到了地面上，人们只能听见一声声响。

伽利略·伽利雷
（1564 ~ 1642）

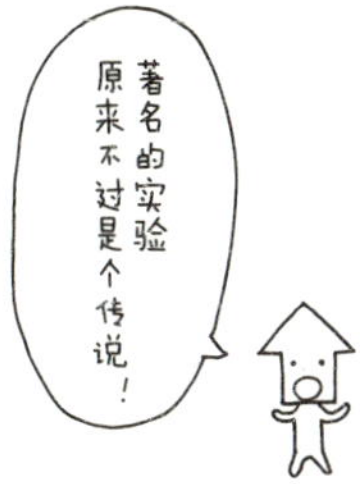

这就是伽利略在比萨斜塔所做的著名的“自由落体实验”。

在当时的物理学界，亚里士多德提出的“物体越重下落得越快”的观点还是占支配地位的。伽利略的实验可以说，是对被视为最高权威的亚里士多德的著作内容所发起的挑战，因此被广为流传。相信大部分的读者应该也都听说过这个实验吧。

但是，这个故事却有很多奇怪之处。

对该实验的文字记录，最早见于实验之后六十多年的 1654 年出版的《伽利略传》，由伽利略的弟子维维安尼所著。而查阅在此之前、伽利略做实验的那个年代的所有记录，人们却找不到在比萨斜塔所做的这次实验。

如果维维安尼描述的内容是真的，那么在进行实验的当时，这一定会成为很大的话题。但即使是在伽利略自己的著作中，他也只字未提这件事。

到底是怎么回事呢？

实际上，自由落体实验早在1587年就由荷兰的西蒙·斯蒂文做过了。他将质量不同的两个铅球从二楼抛下，证实二者是同时落地的。不过，这个事实伽利略完全不知道。

所以，维维安尼可能为了尊敬自己的老师，而将斯蒂文的功绩张冠李戴安在了伽利略的头上，并且还把故事发生的舞台戏剧性地选在了比萨斜塔……

为什么云会飘浮？

天上的云是由什么组成的呢？肯定不是水蒸气。因为，水蒸气是分子呈发散状态的气体且无色透明，我们无法看见其粒子（分子）。

云其实是由水滴和冰粒组成的。因此，云才能飘浮在天上。

组成云的“云粒”是由非常小的水滴和冰粒构成的。云粒的直径一般为0.05毫米，相当于雨滴直径的1/20。别小看1/20这个数字，计算成体积的话就要乘以三次方，也就是雨滴体积的1/8000。如果以1杯水的体积来看，它的8000倍就相当于10个汽油桶的体积之和。所以差别非常大呢。

物体在下落时，会受到来自空气的阻力。因此，水滴下落的速度是由其大小决定的。

普通的雨滴直径为 1 毫米，蒙蒙细雨时的雨滴直径为 0.2 毫米，云粒的直径为 0.05 毫米。最终它们各自的下落速度是，云粒是每秒 0.003 米，蒙蒙细雨时的雨滴是每秒 1.5 米，普通雨滴是每秒 4 米。随着体积变大，它们下落的速度也陡然变大。

由于云粒的下落速度为每秒 0.03 米，所以，只要有每秒速度为 0.03 米向上的风吹起，云就不会往下落，而是飘浮在空中了。而这个风速差不多就是我们呼气时或用手扇风时的速度。

因为构成云的水滴实在是太小了，所以稍微一点点空气的流动就能使其飘浮在空中。天空中有云的时候，只要有上升的气流，云就不会落下。

雨滴下落的速度是多少?

下落的雨滴所受到的力包括重力、来自空气的阻力以及浮力。理论上，随着物体远离地球，其所受的重力也会逐渐变小。这里为了简化说明，假设重力保持恒定。

依据阿基米德原理，浮力等于与雨滴同体积的空气的重量，所以会非常非常小，几乎可以忽略不计。这样一来，我们要考虑的就只剩下重力与空气的阻力。

空气的阻力与物体的下落速度成正比，即雨滴在开始下落的最初阶段，下落速度很小，所以受到来自空气的阻力也很小。但是，随着速度增大，空气阻力也会成比例地增大，最终达到无法被忽略的程度。又因为重力恒定不变，所以可以说，只有与之反方向的空气阻力在逐渐变大。

当空气的阻力等于雨滴所受到的重力时，向上的力与向下的力的合力就为零。此时，依据惯性定律——“当物体没有受到外力，或者施加在其上的合力为零时，静止的物体将永远保持静止状态，运动的物体将永远保持匀速直线运动状态”——雨滴将以此时的速度，保持匀速直线运动，也就是以相同的速度下落。

暴雨时的雨滴直径为 5 毫米，时速为 32.6 千米。小雨时的雨滴直径为 0.4 毫米，时速为 5.8 千米。而直径 0.8 毫米的雨滴，其时速为 11.8 千米。

从 6700 米的高空坠落还有救吗?

下面是我从我的朋友泷川洋二（东海大学教授）那里听来的故事。

吉尼斯世界纪录中曾经记载：人类自由落体并生还的

最高高度为6700米（相当于富士山高度的两倍）。

其从在6700米高空中解体的飞机中坠落，并且没有携带降落伞，最后竟然奇迹般生还。因为他落在了有冰雪覆盖的溪谷的斜面上，然后又滑落到了谷底，虽然骨盆骨折，背部也受了重伤，但最终获救。

掉落在冰雪的斜面上，这带来了很大的缓冲效果。与雨滴一样，人体也会受到来自空气的阻力，在下落的过程中速度并不会变大，某种程度上说是在做匀速运动。

人体坠落时，在落下573米之后，就会一直保持一个恒定的速度。如果是头部朝下的姿势，那么速度会最快，达到时速298千米（秒速83米）；其他姿势时的时速为188～201千米（秒速52～56米）。这也是从6700米的高空坠落仍能生还的理由之一。

掉落到水中的话，其缓冲效果比冰雪或森林的斜面要弱，就好像从100米的高度掉落到混凝土地面上一样，那样恐怕就没救了。

掉到水里，获救的概率反而低些，这真是让人意外啊！

被高跟鞋踩到比被大象踩到还痛？

穿雪鞋更易在雪地上行走的理由

即使是相同大小的力，其受力的面积不同的话，产生的效果也会不一样。这种效果也叫作“压强”。受力面积相同时，施加在其上的力越大，压强越大。而施加的力相同时，受力面积越小，压强越大。

在刚下过雪的厚厚的雪地上行走时，普通的鞋子会陷入雪中，让人寸步难行。但如果换上“雪鞋”(也叫作“踏雪板”)这样的雪上行走鞋具，人就不会陷到雪里，能在雪上沙沙作响地行走。原因就是，雪鞋的鞋底面积要大于普通的鞋子，这样人们在行走时所施加的力就被宽大的面积分散了。

假如雪鞋与雪接触的面积是我们普通鞋底面积的 8 倍，相当于其施加在雪地上的压力仅为直接用普通鞋子的 1/8。因此，普通的鞋子会完全陷入雪里，而雪鞋即使会下陷也会非常浅，更易在雪地上行走。

压强（帕斯卡）

= 压强（牛顿 / 平方米）

$$= \frac{\text{垂直作用力（牛顿）}}{\text{受力面积（平方米）}}$$

压强计算公式

为什么锋利的刀好用?

刀刃锋利的刀要比不锋利的刀好用。这是因为锋利的刀刃，施加的力都集中在其前端的狭小面积，产生的压强也会很大。

压强，指的是1平方米的面积所受的垂直作用力的大小。也许有人会认为“压强是力的一种”。压强虽然与力的大小有关系，但其作用与使用的单位都与力不同。

压强可以通过表面作用力（牛顿）÷ 面积（平方米）计算出来。

压强的单位为“牛顿 / 平方米”(读作“牛顿每平方米”)。这个单位也可以简化为一个单位“帕斯卡（Pa)”。

1 牛顿 / 立方米（N/m^3）=1 帕斯卡（Pa）。

我们生活空间的气压，用“帕斯卡”单位来表示的话，大约是 10 万帕斯卡。这个数字太大，所以可以换用表示 100 倍单位的“百帕（hPa）”。这样一来，我们生活空间的气压就是 1000 百帕。

人能踩到剑山上吗？

剑山是在进行插花时用来固定花枝的道具，是将许多尖锐的铜针固定在铅块上做成的。

剑山可以有各种大小和形状，我们这里主要准备四个方形的剑山（长、宽都是 71 毫米 × 高 54 毫米）。请看下面的图示，剑山就是这样的形状。

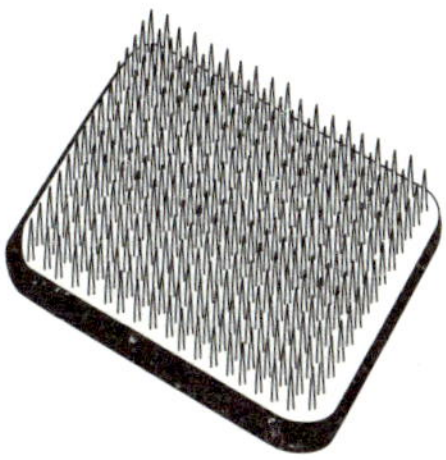

剑山示意图

那么，我们能光脚踩在剑山上吗？如果是一根针的话，踩上去肯定会把脚刺穿的。但如果有许多针，将一根针承受的力化解掉，也许就没问题了。

我们一起来验证一下吧。

将剑山两个一组平行摆放，这样当我们踩在上面时，可以让双脚稍稍分开以保持身体稳定。在剑山两侧再摆上桌子或椅子。在剑山前站立，双臂撑在桌子或椅子上支撑起自己的体重（重量），然后缓慢地把脚移到剑山的上方。注意，要让自己的体重均等地分散在两只脚上。

然后试着将双手从支撑物上放开。当要从剑山上下来时，也要用手撑着两侧的桌子或椅子，慢慢地下来。

我们所使用的剑山，每个上面都有 262 根针。四个一起的话，合计约 1000 根针，我们就是通过它们来支撑起我们的体重。体重 59 千克的人，其施加到剑山上的力约 500 牛顿。所以是 500 牛顿 ÷1000 根 =0. 5 牛顿 / 根。也就是说，一根针的受力为 0. 5 牛顿。

而要让针刺穿脚底，得需要比这大很多的力。

用显微镜放大观察剑山上的针，我们会发现原本看似尖锐的针头其实是圆形的。因此，一根针与脚底接触时也是有受力面积的。如果用 5 厘米的钉子戳脚底的话，只需施加几牛顿的力就会让人感觉到痛。剑山的针要比钉子尖得多，但若是约 1000 根针的话，其与脚底接触时的合计面积就会大很多了。

所以，当对物体施加力时，接触的面积很大的话，力就会被分散。大家明白了吧。

大象与高跟鞋的压力比较

我的一位朋友，托人从动物园制作了大象的脚印模子，以此来测量大象脚底的面积，并计算出当被大象踩时与被高跟鞋踩时的不同压强。

到底哪一种情况的压强更大呢？

一只象脚的脚底面积为 1060 平方厘米，也就是约 1000 平方厘米（0.1 平方米），大象的体重（质量）为 3000 千克（力的大小约为 30000 牛顿），一只象脚承受的重量是其体重的四分之一。

另一方面，穿着高跟鞋的姐姐，体重 40 千克（力的大小约为 400 牛顿），鞋跟的底面积为长、宽各 1 厘米，即 1 平方厘米（0.0001 平方米）。每只鞋跟承受的重量是其体重的二分之一。

大象

$$压强 = \frac{30000\ 牛顿}{0.1\ 平方米 \times 4} = 75000\ 帕斯卡$$

高跟鞋

$$压强 = \frac{400\ 牛顿}{0.0001\ 平方米 \times 2} = 4000000\ 帕斯卡$$

比较被大象踩时与被高跟鞋踩时的压强

通过计算可以得出，高跟鞋产生的压强要比大象产生的压强还大。

这是不是让你回想起了“在满员的电车中被高跟鞋踩到”的痛苦经历了？

在上面的计算中，我们假设的是，被象脚踩到时，象脚没踩到的部分是直接踩在地面上的。假如，将象脚的压强全部集中在被踩的面积（面积为150平方厘米）上，那么，这个数字将会变成先前的7倍。

喝果汁时的大气压

空气的压力叫大气压

地球是被一层叫作“大气”的厚厚的空气包裹着的。我们则住在其底部（地表）。因为空气有质量，所以接近地表的空气会受到其上方空气重量的压迫，从而产生压力。这个压力就是“大气压”。从微观的角度来看大气压，它就是由运动的空气分子相互碰撞而产生的。

与水压类似，大气压也是存在于各个方向的。在房顶下的人也好，在室外的人也好，只要其所处的高度相同，就会受到相同的大气压。

大气压的大小，在接近地表位置（海平面的高度）约为 1013 百帕（101300 帕斯卡），这就是标准大气压。

平时，我们在喝果汁时就会利用到大气压。通常我们都是用吸管来喝果汁。实际上，当我们将吸管中的空气吸出时，其内部的气压就会下降。

而杯中的果汁，其表面会受到大气压的作用，因此大气压会将果汁压进吸管。

易拉罐实验

有一个能让我们直观感受大气压的简单实验，就是利用大气压来挤瘪铝质的易拉罐。

所需的实验材料：易拉罐、水、煤气炉、夹子。

首先，在易拉罐中装入少量的水，然后放在煤气炉上加热。等待罐中的水沸腾，这样水蒸气就会充满整个罐体。再将易拉罐的罐口朝下放入水盆，就会听到“咔啦”一声，易拉罐在一瞬间被挤瘪扭曲了。

在加热前，易拉罐的里侧和外侧都处于相同的大气压下。装入水并进行加热后，罐体中便会充满水蒸气。此时，罐体中的空气就会被排挤出去。

再将易拉罐上下颠倒着放入水中，水会将罐口封闭，而且也会让罐体中的水蒸气冷却并变回水的状态。这样一来，易拉罐内部的压强就变小了。其结果就是，易拉罐在外部大气压的作用下瞬间被挤瘪。

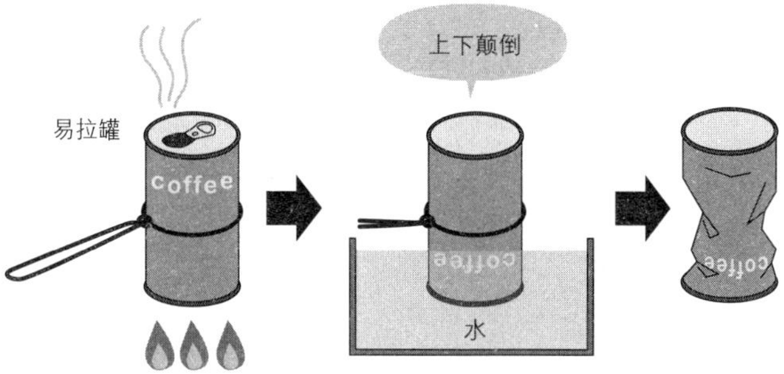

大气压挤瘪易拉罐

汽油桶也会有同样的效果

我们也可以用同样的方法，用比易拉罐大许多的汽油桶来做实验。在实验开始前，先在院子里用砖砌一个炉子，并在汽油桶中装入少量的水，然后点燃炉子对其加热。

当看到汽油桶的开口处有大量热气冒出时，再加热一会儿，并用盖子盖住桶口。然后停止加热进行观察，就会听到“嘣”的一声，汽油桶也被挤瘪了。

第4部分

静电和电压

静电与动电

任何物质都带电

所有的物质都是由原子构成的。而原子也分很多种类，可以简单地将原子的种类叫作“元素”，自然界中一共有大约 100 种原子。所以，世间的万物都是由这 100 种原子构成的。

原子又是由更小的若干微粒组成的。原子的中心是带正电荷的原子核。原子核则是由质子与中子组成的，其中的质子带有正电荷。在原子核的周围，还存在比质子和中子都要小的电子，其带有负电荷。

当带有正电荷的质子与带有负电荷的电子相遇时，就会发生正负抵消，电荷变为零。

不同的元素，各自的质子数量、电子数量也不相同，但是同一种元素，其内部的质子与电子的数量都是相同的。

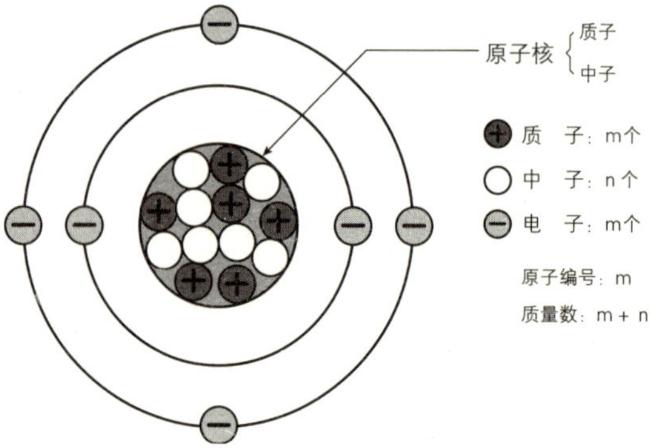

原子结构示意图

所以，整个原子会因正负平衡而对外不显电性。

虽然看起来不带电，但由于物质都是由原子构成的，所以任何物质中都是存在着电荷的。当两个物体互相摩擦时，物质原子中的电子会摆脱束缚，向对方物体上转移。

这时，由于原子中心的原子核内质子是不动的，所以得到电子的一方，就会因携带负电荷的电子增多变成带负电的物体。

相反，失去电子的一方，因原子核中质子的正电荷不变，负电荷减少后就变成了带正电的物体。

例如，吸管与纸摩擦时，电子会从纸向吸管转移。纸就变成带正电，吸管就变成带负电。换成丙烯纤维的话，电子还是从纸向丙烯纤维转移。所以，丙烯纤维变成带负电，纸变成带正电。

几种常见物质带电列表

⊕											⊖										
带正电（+）											带负电（–）										
人的毛发·毛皮	玻璃	羊毛	尼龙	人造纤维	绢	棉	麻	木材	人的皮肤	玻璃纤维	醋酸纤维	纸张	胶木	橡胶	聚苯乙烯	聚丙烯	聚酯纤维	丙烯纤维	聚乙烯	玻璃纸	聚氯乙烯树脂
容易带电							不易带电									容易带电					

像这样，物体摩擦时所转移的电荷叫作“静电”，也叫作“摩擦起电”。与之相对，电池或家中插座里的电流则叫作“动电”。

而物体摩擦时，到底哪一方会带正电，哪一方会带负电呢？这要取决于该物质的组成元素。也就是说，摩擦物质的种类决定了电子移动的方向。

利用静电来清除工厂的烟尘

当空气中有湿气时，带电物体所携带的电荷会向空气中逃逸（放电）。内部有电荷自由移动的物体，其携带的电荷会向易于放电的场所转移，从而进行放电。但是，内部没有电荷自由移动的物体（绝缘体）就不会发生这种现象。

因为其内部的电荷仅会聚集而不移动。在干燥的冬季，静电容易聚集而难以进行放电。

日常生活中产生的静电与电池或插座中的动电一样，其本质就是电子。

从电荷的角度来考虑，主要包括电荷移动的量【电流：单位是“安培”(A)】与电荷移动时产生的势能【电压：单位是“伏特”(V)】。静电的电压能达到几千至几万伏，而一个电池的电压仅为1.5伏，家用插座的电压是100伏[①]。静电产生的电流是非常小的，但电池和插座中的电流则要比静电的电流大很多很多。

另外，静电产生时的电流是一瞬间流过的，而电池和插座中的电流则是持续不断的。冬季，当我们触碰金属门把手时，会“啪啦”一声产生电击感，这是因为此时电压为几千伏，但电流却只有几毫安(1毫安等于0.001安)。100瓦的电灯泡通电后，当电压为100伏时，流经其中的电流为1安。

复印机的工作原理就利用到了静电技术。还有，人们可以通过静电来清除工厂排出的废气中的烟尘。

---

① 译者注：此处指的是日本使用的交流电压，我国应为220伏。

静电让生活
更美好。

油罐车的铁链毫无意义

油罐车与雷电

运输汽油的油罐车在行驶时，油罐内部装载的汽油会与油罐的内壁互相摩擦产生静电。因此，油罐车会在车体上拖一根铁链，这样在行驶中，这根拖在地上的铁链会把静电导向大地。但是，现在已很难看见还拖着铁链的油罐车了。因为这根铁链的存在其实毫无意义。

橡胶以及用橡胶制成的轮胎都属于绝缘体，但如果其中混入了碳元素的话，就会变得像金属一样导电了。我们可以将金属的油罐罐体与橡胶轮胎相连。这样与地面接触的轮胎就和先前的那根铁链起到同样的作用了。

另外，打雷时坐在车内的人是安全的，这被称为“静电屏蔽”。在科技馆中我们会看到高压放电火花的演示——在通有高压电的金属网笼中，人也仍然平安无事。

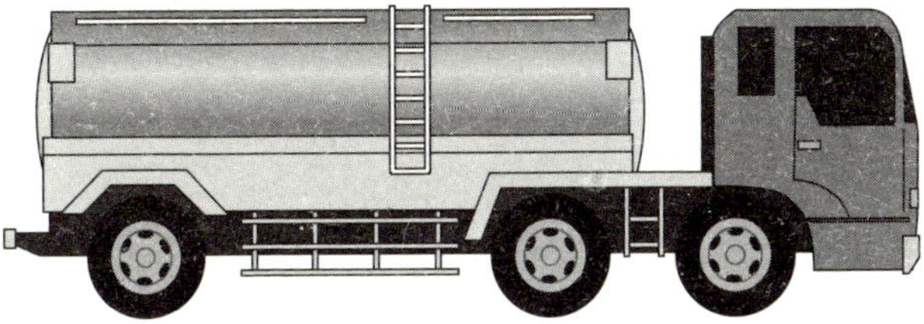

油罐车示意图

静电会引起火灾

装载汽油的油罐车即使被雷击也平安无事，但是在加油站加油时却必须注意。

如果静电没有释放的场所，其电荷数量就会聚集增多，最终开始放电。放电的过程会伴有高温的火花，如果此时旁边有易燃物品的话，就会引起火灾。

在自助式加油站加油时，司机需要自己动手给车子加油。1998 年 4 月由于相关法规的宽松化，这种实惠又方便的加油站形式越来越多了。现在，自助式加油站的数量已占到全国加油站的 10%，使用者中家庭主妇也多了起来。

搜索报纸的新闻数据库可以看到，如2002年4月27日出版的《朝日新闻》大阪总部版就刊载了《自助式加油突发火灾，罪魁祸首竟是静电》的新闻：

在自助式加油站加油时，转开汽车油箱盖子的瞬间，火焰突然冒出，导致一场火灾。因为使用者身体中存储的静电，通过手指尖放电，引燃了汽油的油气。虽然没有造成人员受伤，但是总务省消防厅和石油、汽车厂家们都开始宣传火灾隐患知识。

2007年8月18日出版的《朝日新闻》东京总部版晚刊也刊载了《自助式加油站应主动采取静电消除措施》的消息：

总务省消防厅于18日决定，为了强化自助式加油站的防火措施，经营者必须对油枪喷嘴加装除静电装置。

同时也修正了危险品管制规定，10月之后建设的相关设施必须符合新规，而原有的设施将从12月开始进行改造。

自助式加油站由于价格优惠而深受消费者的喜爱，现在全国共有约5000处。但是，自助式加油站也时常会有车身局部着火的小规模火灾发生，2004 年就发生了 6 起，2005 年则发生了 4 起。

消防厅还表示，火灾的原因大部分是加油时油枪与手部之间产生的静电。虽然此前已对经营者提出过相应的要求，但为了防止发生更大的事故，今后还要进一步强化要求。

具体的措施就是，油枪的把手、控制杆等部位必须采用能除去静电的树脂或不锈钢材质。

对于无法除去静电的材质必须予以更换。

因使用者操作不熟练导致汽油喷洒的事件，每年也会发生几起，所以应张贴详细的操作方法。并且为了防止喷洒的汽油接触到人体，应设置相应的防护装置。

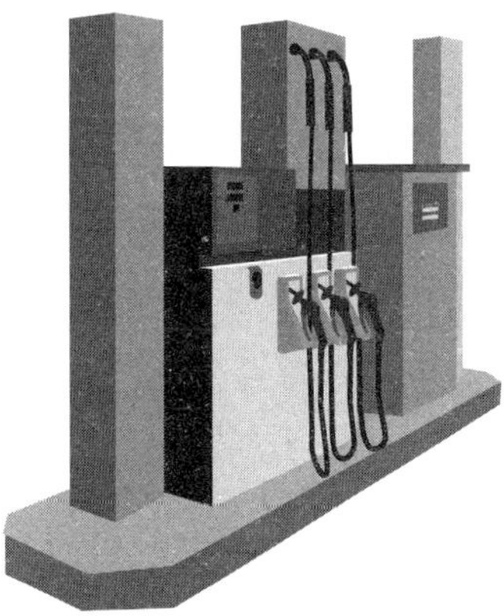

自助式加油站的加油装置示意图

由此看来，静电还是有一定危险性的。一般的加油站工作人员都会穿有能导流静电的专用鞋子（鞋底具有导电性），而且还会在加油站的地面上洒水以让静电更容易转移。

作为用户，在身体储存有静电时是不能进行加油作业的。很多汽车厂商也制作了防静电的宣传册子：

（1）先触碰车体的金属部分，让静电消失后再打开油箱盖。

（2）为了防止再次产生静电，加油过程中不要回到座位上。

（3）油箱盖与油箱口须由同一人开启。同时，自助式加油站也会在加油装置上设置除静电的带子。

这样除去静电后，用户才能开始加油操作。

喷在衣服上的防静电喷雾

衣服纤维的带电情况可参考125页的表格，从正电荷到负电荷依次是：羊毛、人造纤维、绢、棉、聚酯纤维、丙烯纤维。表中相邻的材质之间不容易产生静电，而距离较远的材质之间容易引起静电。因此，同时穿着羊毛和丙烯纤维材质的衣服时，静电就特别容易产生。

A物体与B物体相互摩擦时，A物体与B物体各自内部的正电荷与负电荷会分离并聚集产生静电。为了防止静电的产生，可以让分离出的电荷通过水这样的易导电物质转移走。在湿度超过 40% 的环境中，静电就较难产生了。像绢、棉等这些天然纤维因其自身含有较多的水分，所以很少会有静电，而且天然纤维分子中有大量的羟基（-OH），属于容易与水亲和的部分（亲水基）。

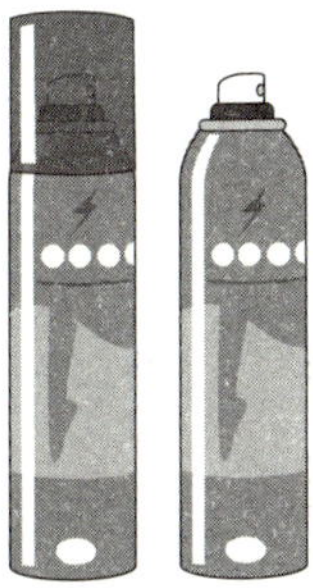

防止衣服带电的喷雾剂示意图

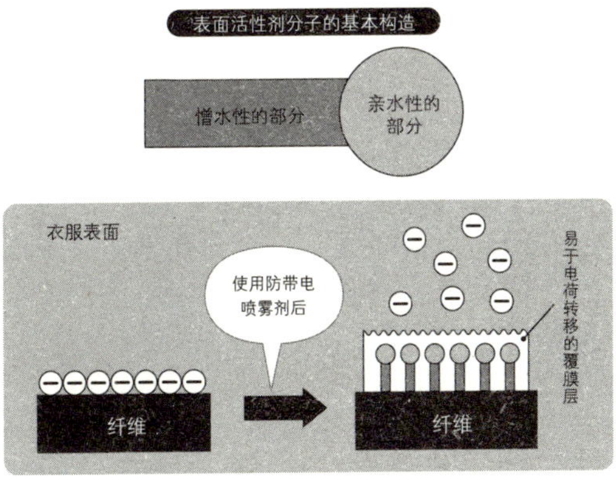

防带电喷雾剂的成分示意图

吸水性较差的纤维也容易产生静电，特别是那种很廉价的、加工过的聚酯纤维，其吸水性就很差。为此，厂家在生产时在其中混入碳黑或金属化合物等具有导电性的物质，开发出了这种可以导电的纤维。

市面上出售的防带电喷雾剂，是用表面活性剂制成的。表面活性剂有许多种类，是肥皂、合成洗剂的主要成分物质。表面活性剂的分子，由与水不亲和的“憎水基”以及与水亲和的“亲水基”两部分构成。将其喷到合成纤维上，憎水基的部分会位于纤维一侧，而亲水基的部分则位于外侧，也就是空气的那一侧。亲水基的部分会与空气中的水分相融，形成一道覆膜层，通过它将衣服表面的静电转移。

同时，由于使用表面活性剂后，衣物的表面会变光滑，从而也能抑制由摩擦产生的静电。

防静电产品的实际效果有差别

这里列出了由“兵库县生活科学研究所”所做的调查结果概要（摘自 1999 年 12 月 29 日出版的《朝日新闻》大阪总部版）。

防静电产品主要分为四种类型：

• 使用器具让身体中的静电向空气中放电

- 使用器具将静电导向大地
- 喷涂表面活性剂，然后向空气中放电
- 用高电压消除静电

放电类产品有做成钥匙圈或者卡片形式的。用带静电的丙烯纤维布来进行实验，结果显示，卡片式的产品由于接触面积大，除静电的效果更明显。卡片式产品的使用说明中说“将本产品放到衣服口袋中就 OK 了”，但是在穿着很厚的衣服时，其效果会大打折扣。因此，使用时应尽可能地让其与身体相接触。

接地类产品通过手持器具与地面产生接触，这样能够消除身体内的静电，但是却很难除去衣服上的静电，而且衣服上的静电也会转移到身体上。

喷雾剂类产品的主要成分是表面活性剂，喷涂在衣服上的表面活性剂能吸引空气中的水蒸气，并通过水分使静电向空气中放电。实验显示，使用了喷雾剂的纤维布，经摩擦后很难再带电，效果比较持久。

最近新出的用高电压来除去静电的产品，经试验，只需将其放在带电物体前，就能有效去除静电。

用吸管进行的科学游戏

用吸管使空易拉罐移动

这里介绍用我们身边常见的吸管来进行的静电实验。吸管是由聚丙烯材质制成的，所以很容易存储静电。不仅是干燥的冬季，即使是湿度非常高的时候，聚丙烯吸管也能存储约 3000 伏的静电。

接下来，我就来介绍我的朋友山田善春先生（大阪市生野工业高中教师）教给我的实验。

① 吸引纸片

将卫生纸裁成小纸片，然后用吸管靠近，可以看到纸片会被吸管吸引。也可以通过这个实验来确认吸管到底有没有带静电。如果纸片无法被吸引，则表示此时吸管上没有静电，请用卫生纸再次摩擦吸管来产生静电。

当带有负电荷的吸管接近纸、细砂糖、水、冰等这些绝缘体时，会引起绝缘体内部电子的偏移，使其靠近带电物质的一侧出现正电荷，并相互吸引。这被称为“电介质极化”。

② 吸引细砂糖

将吸管靠近我们喝咖啡时常会用到的细砂糖，细砂糖会被吸管吸引，并且是几颗接连被吸起。这是因为细砂糖发生了连锁的电介质极化。

③ 吸引空易拉罐

将空的易拉罐横卧在表面光滑的桌面上，用吸管从侧面以与罐体平行的角度缓缓接近。我们可以看到，空易拉罐自己向着吸管附近滚来。如果将吸管与易拉罐保持一定距离移动的话，易拉罐也会跟着移动过来。

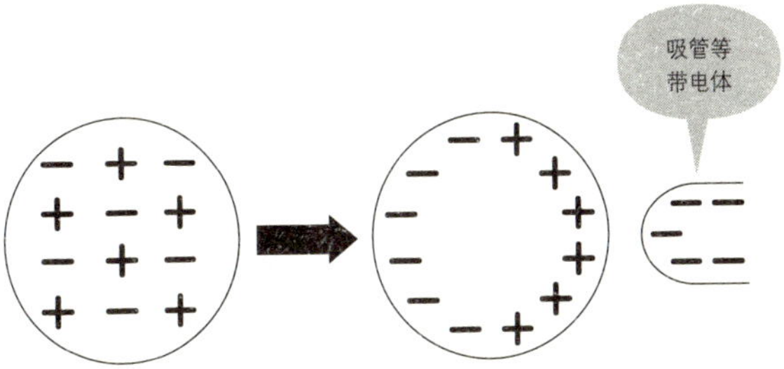

静电感应示意图

吸管带有负电荷，当其接近金属时，会引起金属内部自由电子的移动，在靠近吸管的一侧处于带电状态（+），而正负电荷将相互吸引。这被称为“静电感应”。

④ 吸引汤匙

在掌握了吸引易拉罐的要领后，可以再用汤匙试一试。当看到汤匙被吸引转动的时候，会不会被吓一跳？

⑤ 吸引杯子中的水面

在水杯中倒入满满一杯水，水面会因为表面的张力呈现高出杯沿的状态。

用吸管接近凸出的水面上方，水面会出现类似“粉刺”状的突起，然后一瞬间，在吸管与水之间放电后，水面又恢复原状。

另外，杯子周围滑落的水滴，也能被吸管所吸引。

⑥ 吸引漂浮在水中的冰块

在水杯中装满水并让冰块漂浮其上，用吸管水平地缓慢接近，冰块会被吸引到吸管的附近来。吸管缓缓移动的话，冰块也会跟着移动。当放入两个冰块时，冰块会接连在一起被吸引。这是因为冰块发生了连锁的电介质极化。

用静电点亮荧光灯

在漆黑的房间里，先用手摩擦坐垫后，再去触碰荧光灯管的一侧电极，灯管会在一瞬间发光。将荧光灯管拿在手中，然后在猫的背上摩擦，荧光灯管也会亮。

两人一组，一人拿着荧光灯管，另一人用带静电的吸管（用卫生纸摩擦过）去接近荧光灯管的电极。如果是在完全漆黑的房间内的话，可以看到荧光灯管发出了亮光。

普通的电灯泡会发光，是因为电流从其中通过，使灯泡中的钨丝达到约 3000℃的高温，而在高温下，钨丝会发出光和热。

然而，荧光灯所使用的荧光灯管，其发光原理则与此完全不同。荧光灯管是在装有电极的玻璃管中充入了水银蒸气和氩气，同时玻璃内侧也涂上了荧光物质。当对其施加较高的电压时，电压在电极间会产生弧光放电。当电极处产生的光速电子与水银原子碰撞时，水银原子中的电子会进入较高能量的激发态。当电子从这种状态跃迁至基态时，产生的能量差会以紫外线的形式放出。紫外线又会使玻璃内侧的荧光物质发光，从而产生白色的光。

所以，不对荧光灯管施加较高的电压，是无法使其发光的。我们在露营时会用电池来点亮荧光灯。四个电池可以提供 6 伏的电压，但这个电压仍然太低，无法使荧光灯管内产生电流流动。

因此，需要用晶体管或 IC 制成的变压器来提高电池的电压。

之所以能用静电点亮荧光灯管，就是因为产生静电的瞬间电压能达到几千至一万伏，这与弧光放电的瞬间是一样的。

第5部分

关于地球的物理学知识

测量地球大小的方法

古代人就已知道“地球是圆的”

古希腊人对于自己所身处的世界以及宇宙，都有着极大的关注。他们在实际生活中，非常注意观察自然现象，并从这些观察结果中得出很多的思考。

例如，关于地球的形状，世界古代史上最伟大的哲学家、科学家之一的亚里士多德就提出“地球是圆形的”。

其依据就是，月食时地球投射在月球上的阴影边缘是圆形的。

• 月球与太阳的位置关系，以及满月、半月、月牙儿三种形状变化。月球本身并不会发出白色的光，而是将照射在其上的太阳光反射后，才会被我们看见。

• 月食发生时，月球运行进了地球的阴影。因此通过月球表面所投射的阴影，能间接地看出地球的形状。

• 月食现象一年中大约会出现两次，但每次观察到的地球影子都是圆形的。无论从什么方向、角度照射都会产生圆形影子的只能是球体。

随着海上贸易的开展，又有更多的事实能够证明“地球是圆的”这一说法。比如说下面这些例子。

• 在朝着陆地方向航行的船只上，还没有看见陆地前，就能先看见远处的山顶，等接近港口时才会逐渐看见山下的情景。

• 船只一直向北航行的话，原本在北方地平线上低矮闪烁的星星会逐渐变成在高空中闪烁。

埃拉托色尼测量出了地球的大小

第一个测量出地球大小的，是古希腊天文学家埃拉托色尼（约前 275 ～前 194）。这距离亚里士多德所生活的年代已过去了近一百年。

他原本是亚历山大图书馆（位于埃及的亚历山大港，现今的开罗近郊）的图书管理员，为了计算南北两个地点之间的太阳高度比，他研究了很多前人的观察报告。

在夏至当天的正午，位于亚历山大港正南方向的赛伊尼（现今的阿斯旺）城中，太阳会照射到水井的底部。这说明此时的太阳是非常准确地位于正上方。

同一天，在位于赛伊尼正北方向的亚历山大港，在一个半球形碗的正中间垂直竖立一根木棒，然后测定夏至正午时其影子的长度。结果得出，垂直木棒的照射角度为 7.2 度。

因为太阳发出的光都是平行光线，所以赛伊尼与亚历山大港之间的圆弧长度（两个地点之间的纬度差为 7.2 度），就是地球全周长的 1/50（7.2 度 ÷360 度）。

然后，只要弄清楚赛伊尼至亚历山大港之间的距离，就能计算出地球的周长了。埃拉托色尼在统计分析了旅行者留下的记录后，得出两地之间的距离为 5000 斯泰亚姆。“斯泰亚姆”这个单位源于“运动竞技场（stadium）”一词。关于“1 斯泰亚姆”所指的具体长度存在着各种说法，但一种较有力的观点是 1 斯泰亚姆 =185 米，因此，地球的全周长就可以按如下方法来计算。

现代科学测得的地球实际周长为 48000 千米（连接南北两极的圆周长），虽然比埃拉托色尼测出的数字多了 15%，但就当时的测量精度来说，其准确率已经令人吃惊了。

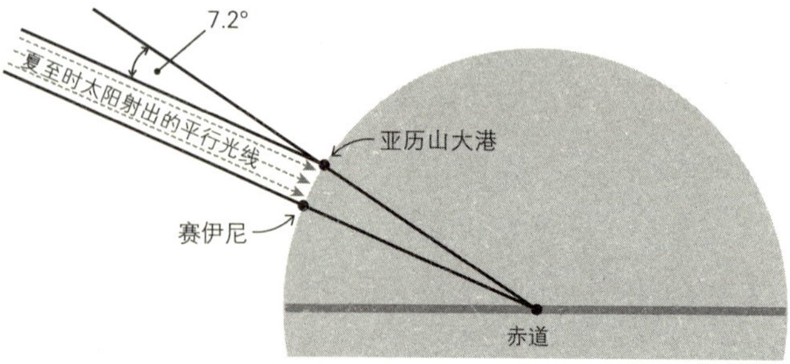

地球、太阳光以及赛伊尼、亚历山大港之间的关系示意图

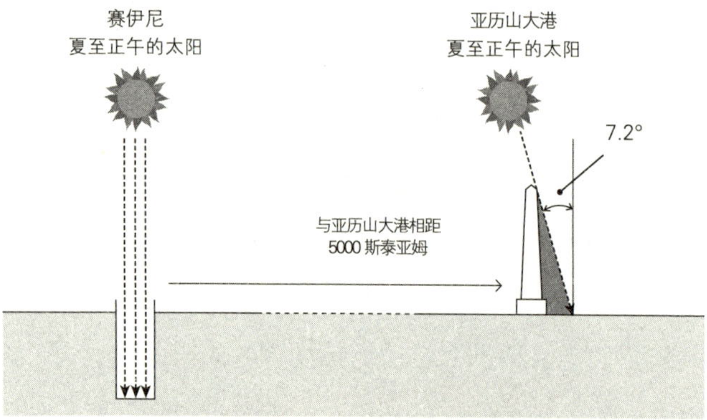

赛伊尼、亚历山大港与太阳的高度示意图

地球的全周长 =5000 斯泰亚姆×50=25 万斯泰亚姆

25 万斯泰亚姆×185=4625 万米 =46250 千米

牛顿所设想的地球形状

英国科学家牛顿，在他所著的《自然哲学的数学原理》一书中提出，由于受到地球自转产生的离心力影响，地球的形状并不是一个完全的正球体，而是两极略扁、赤道略鼓的旋转椭圆体（以一个轴为中心不停旋转的椭圆）。

如果地球是一个正球体的话，那么在任何地点所测得的纬度 1 度的距离应该都是相同的。然而，现实中无论准确测量多少次，纬度 1 度的距离在赤道所测得的结果都会略短，而在两极所测得的结果都会略长。

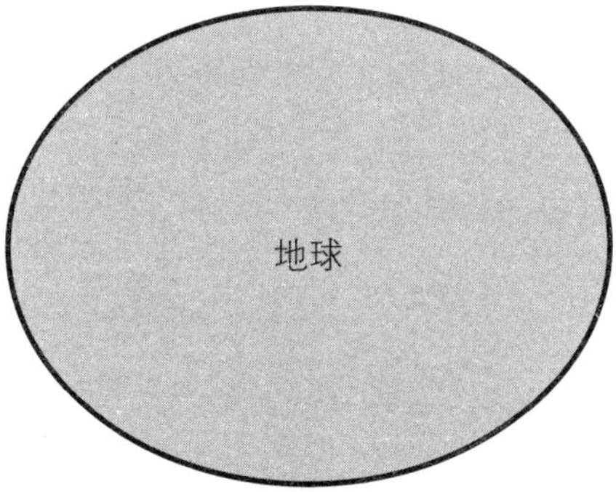

牛顿所设想的地球椭圆体

这个旋转的椭圆体也被称作“地球椭圆体”。

大地水准面夸张地看近似梨形

由于有海浪及潮水的涨落，海洋的表面一直处于变动的状态。但如果按照长年的平均值来看，海面就等同于一个完全没有凹凸、非常光滑的面（平均海平面）。如果将这个平均海平面向大陆延伸，并用海水填满陆地上纵横的沟壑，使平均海平面覆盖整个地球表面，由此形成的封闭曲面，我们就称为“大地水准面”。

地球内部的密度不均是造成大地水准面出现凹凸的原因。当地下构造的密度高于周围部分时，局部的引力也会变大，这会吸引更多的海水，并在大地水准面上形成一个凸起。大地水准面与地球椭圆体之间有细微的差别，两者并非完全等同。例如，北极处的大地水准面会比地球椭圆体高 16 米，南极处的又会低 27 米。由此可以夸张地说，地球近似一个梨形。

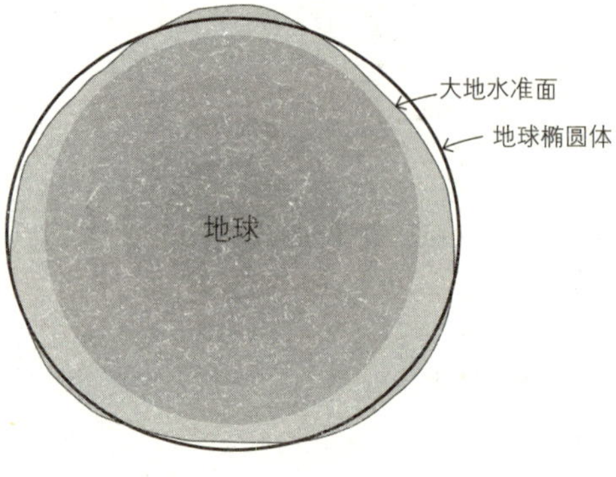

大地水准面

将地球缩小至一亿分之一的话……

地球是一个旋转的椭圆体，其赤道半径为6378137米，极半径为6356752米。赤道半径比极半径长了21385米，因此可计算出扁平率为1/289.257222101。

那么，如果将地球缩小至一亿分之一呢，又会是什么样的形状？

按一亿分之一的比例缩小的话，赤道半径就变成了6.378137厘米，而极半径就变成了6.356752厘米。

两者之间的差大约为0.02厘米。用圆规画一个半径6.36厘米的圆，无论用笔尖多细的铅笔，也无法画出两者之间的这种差异。

地球上最大的凸起珠穆朗玛峰为8848米，反映在这个圆上也就是0.09毫米。因此，在一亿分之一的比例下，地球接近于一个没有凹凸的光滑球体。

我们说大地水准面近似梨形，也是一种非常极端的夸张说法。即使是在这样的比例下观察，地球椭圆体也近似一个正球体。

1米的长度是根据地球的大小决定的

已知半径的话，我们就可以用“2× 圆周率 × 半径”来计算出圆的周长。这样计算出的地球周长将近4万千米。

这其中还有其他的故事。

18 世纪末法国大革命爆发时，法国的科学家们也在商讨制定一个可以在世界范围内使用的长度单位。后来他们决定，根据地球的大小来确定长度的单位。

原本人们在测量长度时，都是以人体的各个部位的长度为基准的。例如“英尺（feet）”就源自脚的长度。根据各个人、各个国家的不同，所参照的基准也五花八门。如果要在世界范围内相互交流或者通商的话，就必须有一个世界通用的标准。

因此，科学家们决定将从北极点到赤道的距离长度的一千万分之一作为“1 米”。于是他们派遣出了实际测量队，花了六年的时间测量出地球的大小。

他们又用铂与铱的合金制成了“米原器”作为长度的基准，分发给各个国家。因为，从北极点至赤道距离为 1 万千米，所以地球的周长就是它的 4 倍，即 4 万千米。这是一个便于计算的数字。

这之后，科学家们又用人工卫星再次测量过，虽然有少许出入，但大体上 4 万千米的数字没有改变。

现今我们对 1 米的定义则为光在真空中行进 1/299792458 秒（约三亿分之一秒）的距离。

地球的时速是多少？

地球自转的速度是多少？

我们都乘坐在一艘名为“地球号”的宇宙飞船上。地球在自转的同时，还会围绕着太阳公转。与此同时，在银河系中，太阳也会吸引着太阳系中的其他星球一起，向着某个方向以极快的速度运动着。

虽然我们身处巨大的“运动”之中，却对此丝毫没有感觉。

以地球的自转来举例。通过地球的自转，一天内东京朝着东边旋转直至回到原位，这期间运动的距离约为 33000 千米。一天有 24 小时，因此可以算出速度来，33000 千米 ÷24 小时≈ 1400 千米 / 小时。

这可是比电车或飞机还要快许多的速度。

新干线列车从东京行驶到博多（相距 1070 千米）需要

5 小时，而如果时速是 1400 千米 / 小时的话，只需 1 小时就到了。

我们作为“地球号”上的乘客，一直在体验着 1400 千米 / 小时的速度。但是，我们却丝毫没有感到摇晃，这是因为我们周围的空气也在以相同的速度持续运动着，所以我们不会有所感觉。

高高跳起就能绕世界一圈？

这样一来，也许你会想：“如果我从地面上向上高高跳起，而在我下落的过程中地球仍在向东旋转着，可能已经转到中国或其他什么地方了吧？”真是这样的话，想要实现环球旅行也不是什么难事了吧。

可是，当将这个想法付诸实践时，你就会马上发现你的想法是错误的。无论怎样努力跳起，你最终都还是会落在最初的位置。

类似的例子还有，在行驶的列车中高高跳起或是让小石块落下，最终都还是会落在正下方。

当我们在新干线的车厢中吃盒饭时，如果用筷子夹鸡蛋不小心掉落的话，鸡蛋并不会向我们的前方或后方掉落，而是会直直地落在饭盒里。

物体一旦开始运动以后，就会一直以相同的速度保持运动状态。物体的这种性质叫作“惯性”。关于惯性，存在着所谓的“惯性定律”。

惯性定律指出“当物体没有受到外力，或者施加在其上的合力为零时，静止的物体将永远保持静止状态，运动的物体将永远保持匀速直线运动状态”。匀速直线运动就是说，物体以一个均等的速度笔直地持续向前运动。

汽车在行驶时，如果前方突然蹿出一条狗的话，驾驶者会急刹车，但是车辆并不会立刻停下，而是要再向前行驶几米之后才完全静止。此时，如果车上的乘客没有系安全带，就有可能会撞到汽车的挡风玻璃上。这是因为在惯性的作用下，身体仍保持着运动状态。

小石块的时速是多少？

电车以时速 60 千米行驶时，电车中的乘客与小石块也同样是以时速 60 千米的速度在前进。当小石块掉落时，因为惯性，其仍以时速 60 千米的速度，边向前进边向下落。地球之所以能在几十亿年的时间里，一直保持自转、公转，也是因为惯性的存在。

在行驶的车厢中，小石块会落在正下方，但如果是站在电车外的人来看的话，会是什么样呢？

为了更容易理解，我们假设小石块是从电车车厢的最后部掉落的。

小石块落向正下方，但同时也保持着与电车同样的速度，向着电车行进的方向边前进边下落。将这个运动轨迹连起来，就是一条抛物线。

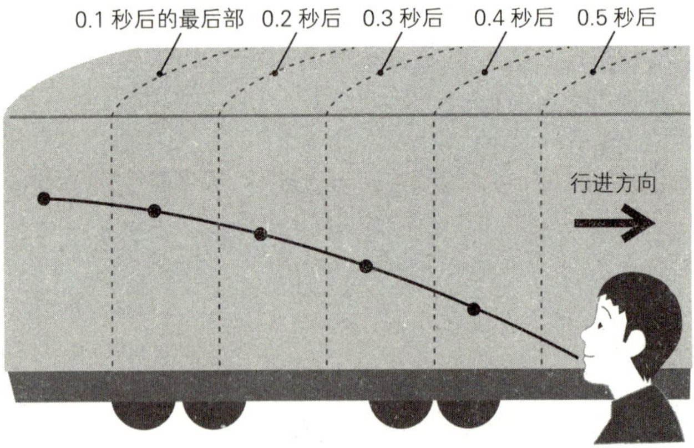

从外部观察车厢内掉落的物体

在现实生活中，运动着的物体并不会一直保持运动状态，而是会在某个时刻停止下来。因为我们所生活的世界还存在着摩擦力，如果不施加力的话，匀速直线运动的状态不会一直持续下去。

任何物体都有惯性，所以惯性定律是成立的。只是由于摩擦力的原因，我们无法亲眼看见。

如果是放到地球以外的没有摩擦力的世界呢，比如宇宙空间里？宇宙火箭通过燃料摆脱地球的重力圈，这之后就可以只靠惯性保持匀速直线运动。在抵达目的地星球时，可通过逆向喷射来减速着陆。

小球落入贯通地球的洞中会怎样？

这样的洞存在的前提条件

地球的形状近乎正球体，其内部构造从外向内，依次是地壳、地幔、地核三个圈层。我们可以用苹果来类比。

请想象面前有一个苹果。苹果的皮就是地壳，果肉的部分就是地幔，而包含有种子的苹果核就相当于地核。实际上，人类已经挖到的最深处，位于现俄罗斯北部的科拉半岛，有 12262 米深，而这还没有到达地球的地幔层。

2005 年在日本下水的地球深层探测船“地球”，其任务就是在地壳较薄的海底，以能到达地幔层为目标进行钻探。

目前来说，要打通一个贯穿地球的洞，还是件十分困难的事情，但我们这里可以假设“已经可以做到了”的情景。

地球一直保持自转。除自转轴的两端外，在其他的位置上，由于与自转轴垂直方向的离心力的存在，万有引力与离心力的合力所形成的重力，其方向并不会指向地球的中心。这里我们不考虑离心力的影响，假设我们在北极与南极之间打通一个贯穿地球的洞，并将小球落入其中（在赤道位置上，重力与离心力处于同一条线上，因此打通一个贯通赤道的洞也可）。

另外，假设洞中是真空的状态。因为如果有空气的话，空气就会带来阻力影响物体的运动。同时，运动的物体也会与空气摩擦生热，小球可能会被熔化或蒸发。

实际上，越向地球中心移动，温度也会越高，中心位置的温度甚至能达到太阳的表面温度，约 6000℃的高温，这里我们同样不考虑这一点。还有，地球的实际密度也是越往中心位置密度越大，但我们这里假设任何位置都是相同的密度。

以上就是我们为思考这个问题所设定的前提条件。

小球会做往复运动

当从北极位置掉落小球后，小球会在重力的作用下，逐渐加速下落。

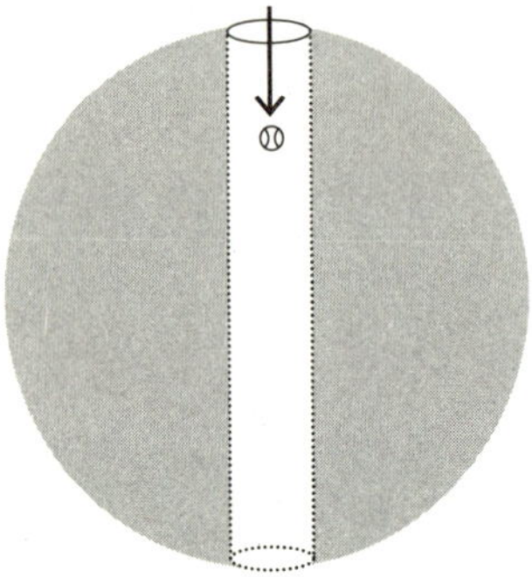

贯通地球的北极与南极

此时，越往地球中心移动，小球所受到的重力就越小。因为小球所受的重力主要来自地球的万有引力，但由于小球在地球内部时也会受到地球上其他物质的相互影响，它会被吸引到运动方向的相反方向。

在地球的中心位置，由于万有引力在各个方向互相抵消，因此会形成失重的状态。小球从北极出发时的初始速度为零，而在中心位置时则达到每秒 7.9 千米。

小球在通过地球的中心后，与其运动方向呈相反方向的吸引力会越来越大，从而使其开始减速。

最终当其到达南极时，速度降为零，然后又将向着北极运动。小球就这样一直保持着往复运动。

如果加入空气阻力的因素（仍然忽略会摩擦生热熔化的问题），从北极掉落的小球每次折返的距离将会逐渐缩小，直至最终停止在地球的中心位置。

比飞机还快！真空管道列车

假如我们忽略空气的阻力、摩擦力还有离心力，打通一个不穿过地球中心的隧道（如下图），又会怎样呢？

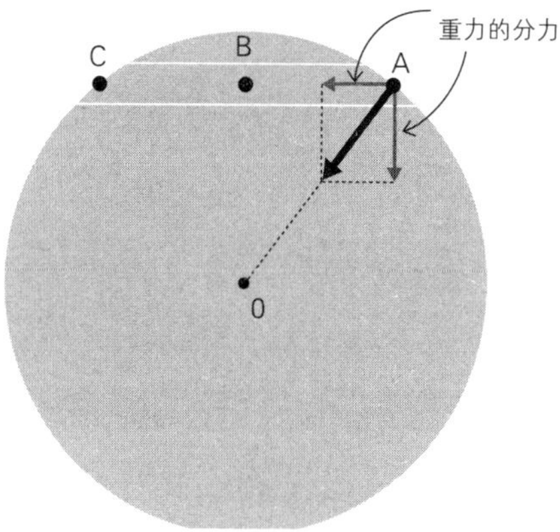

横穿地球的隧道示意图

我们可以将某一个力的作用效果分解为两个力同时产生的效果，那么分解出的这两个力，就叫作原先那个作用力的“分力”。这里我们可以像上图中那样，思考 A、B、C 各点上重力的分力。处于 A 点的物体，由于受到重力在 A-B-C 方向的分力影响，会朝着B点运动。随着物体逐渐接近B点，重力的分力会越来越小，但由于持续受力的原因，物体会加速。在B点时重力在A-B-C方向的分力为零。通过B点后，物体开始减速，在C点时其速度降为零。

结果就是，所受力的大小不同，导致速度也会不同，但还是与在贯穿南北极的洞中一样地运动。

人们曾经构想过将中间真空的管道埋入地下或海底，然后在其中通行高速列车的情景。

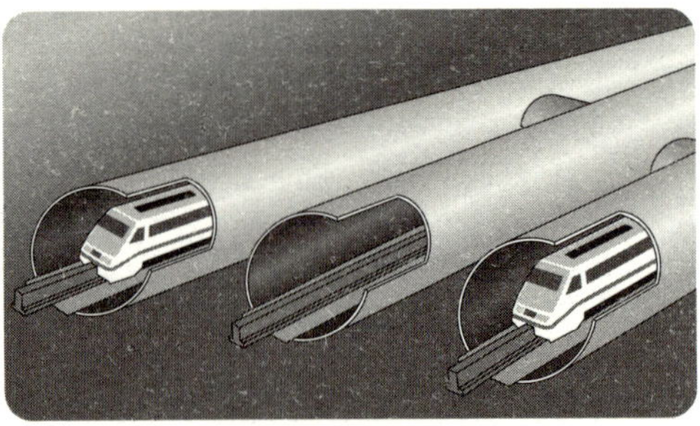

真空管道列车

通过这种方式可以利用地球的重力，以最小的能量来运输物体。

例如，在伦敦和纽约之间建设这样的真空管道列车，理论上其运行的速度会超过飞机。预测其时速能达到5～6马赫（时速1马赫约等于1200千米/小时）。但是，关于隧道的建设、如何维持真空状态、管道的强度、真空部分与车站等这些非真空区间的隔离、成本与技术、安全性等，还有很多的问题要解决，因此这一构想目前还无法变成现实。

用杠杆撬起地球需要多少年？

阿基米德的宣言

曾有人说出过这样的豪言壮语："给我一个支点，我就能撬起地球。"这个人就是著名的古希腊科学家、数学家阿基米德。

阿基米德出生于西西里岛叙拉古附近的一个小村庄，与叙拉古的赫农王有亲戚关系。他就曾经当着赫农王的面说过"给我一个支点，我就能撬起地球"。这让国王和大臣们都大吃一惊。大家都认为阿基米德是在吹牛皮。

在那之后，阿基米德运用杠杆原理制作了很多用于军事的工具，在叙拉古地区广为使用。下面我们就从理科的角度，来分析下阿基米德的话吧。

“给我一个支点”

验证：用杠杆撬动地球？

在现实中，一个人能利用杠杆在地球上撬起与地球相同质量的物体吗？当然，假设事先已经准备好了支点，以及足够坚固且非常轻的长棍子。

地球的质量大约为 6×10^{24} 千克。假设人是以提起 60 千克物体的力（约为 600 牛顿）来撬动这个物体。

为了撬动这个物体，将支点放置在距离该物体与杠杆接触点 1 毫米的地方，即便如此，杠杆从支点到人手握处的长度也必须有 1×10^{17} 千米才行。这个长度会让杠杆撑出地球之外，甚至撑出了太阳系（直径约 150 亿千米）。假定在宇宙空间中安置了稳固的平台，人站在那里来压下杠杆的一端。

我们来试着通过杠杆将与地球同质量的物体撬起 1 毫米。在撬动时，由于力的传递会因为距离的增长而有所损失，所以必须用手将杠杆向下压动 1×10^{17} 千米的距离，才能让该物体被撬起 1 毫米。

普通人大概能在一秒钟内使出 100 牛顿的力（撬起 10 千克物体所需的力），并能将杠杆向下压动 1 米的距离。那么换到这根超长的杠杆上，持续施加 600 牛顿的力，能在 1 秒钟内将杠杆向下压动 1/6 米的距离。

撬起 1 毫米高需要约 19 兆年

1 秒钟可将杠杆压动 1/6 米的距离，这意味着要完成前面所说的距离，需要约 6×10^{20} 秒的时间。

这也就是说，即使不分昼夜地持续下压，也需要约 19 兆年的时间。想用杠杆在地球上将与地球同质量的物体撬起 1 毫米高都需要这么多年，因此，阿基米德所说的话无法被实践，只能停留在理论的层面。

1941 年的“放射性食盐”骚动

“科学家设想的未来战争”

物理学家竹内时男从 20 世纪 20 年代开始到 40 年代初，发表了大量的畅销科学书籍，其最终的头衔为东京工业大学副教授、理学博士。

我手头就有竹内的作品——1939 年出版的《百万人的科学》，是我之前从二手书店淘来的。书中有关于“科学家设想的未来战争”的内容，其中主要提出了以下一些方案：

• 自古以来武器都以铁制成，可以对线圈通以几千、几万安培的电流使其产生强大的磁力，将武器甚至持有武器的人都吸走，甚至能改变炮弹的飞行路径。

• 使用巨大的凹面镜将阳光反射至敌军阵营中，使敌人头晕目眩，武器熔化。

• 用高速的水流并加以高压电射向敌军阵营，通过电流击杀敌军。

• 将能产生大量中子的“原子弹”送进敌营，用火药点燃爆炸。

• 在平流层用飞行战车运送士兵，让士兵在敌国境内从天而降，在敌军后方横冲直撞。

• 用风将透明的毒气送至敌军阵地。如果起大风的话，毒气能在很短的时间内麻醉敌国的全部士兵。

• 在空中散布剧毒的细菌，或者通过狗、鸟类甚至老鼠携带细菌进行传播。

虽然在今天看来，这其中有很多荒唐滑稽的想法，但是一想到科学家们真的认真思考过在战争时使用毒气弹或细菌武器，不禁让人不寒而栗。

气球炸弹实现了吗?

在竹内所写的“科学家设想的未来战争”中还有一个“气球炸弹”的故事。

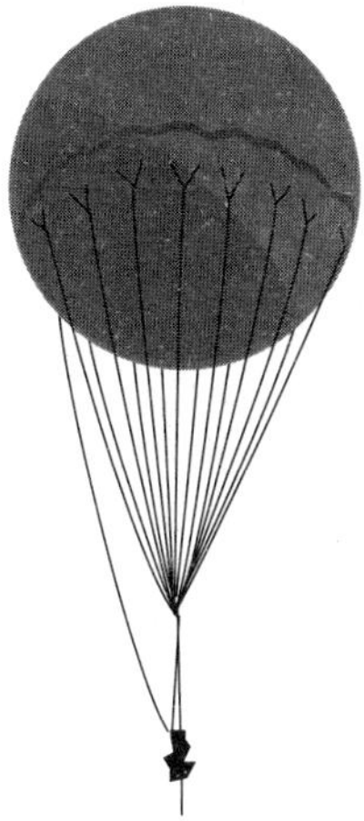

气球炸弹示意图

太平洋战争时期，败势已明的日本军方想到了使用“气球炸弹”的战术。将炸弹吊在气球下，可顺着急流（偏西风的气流）漂流数天，以此来作为攻击美国本土的武器。当时的日本军方企图搅乱美国国内社会，因此这可以说是用来进攻美国本土的秘密武器了。从 1944 年（昭和 19 年）秋季到 1945 年（昭和 20 年）春季，日本军总共放飞了约 9000 个气球炸弹，据说这其中有一成抵达了美国本土。

当时，高层气象台（现今筑波市）的台长大石和三郎等人按军部的要求，不眠不休地研究日本上空的大气气流，确定冬季会吹起时速超过 200 千米的西风。利用这股风将气球炸弹吹到美国本土进行攻击作战，这个计划代号被定为“飞象作战行动”。

将炸弹吊在气密性很高的氢气球下，让其飞到空中并到达美国也不是件容易的事情。

气球要飞跃如此遥远的距离，真正的问题来自夜晚。由于气温下降，气球会收缩，浮力也会随之变小。同时，氢气也会一点点地泄漏。

因此，能够在浮力变小时自动维持飞行高度的装置必不可少。飞船上的炸弹中，安装有能检测气压变化的气压计，并装有一个可以旋转的齿轮装置，当检测到气球的高度下降时（气压会上升），通过内部的电子开关烧断气球外部的配重沙袋（碎沙石）的固定绳索。

美国人非常担心这种气球炸弹有可能会携带传染性的细菌武器。因此，他们委托地质学家对掉落的沙袋中的碎沙石进行分析。根据沙石中所含的矿物，地质学家将可以产出这种沙石的地点缩小到日本的五处位置，随后派出侦察机进行确认。在战争的后期，被放飞升空的气球几乎都被美军的飞机击落了。

竹内时男是何许人也？

读完《百万人的科学》之后，我对这本书的作者到底是怎样的人产生了浓厚的兴趣。于是我便用谷歌搜索，在一个名为“Possible 堂书店”的网上书店网站上，看到了一个帖子：

> 你知道竹内时男是怎样的一个人物吗？
>
> 他是 Possible 堂书店“复刻作品”类目中作品的作者……除此之外，关于他的具体信息却毫无介绍。
>
> 只知道竹内是大正时代高等工业学校的一名教授，热衷于推广和介绍当时的先进学说，卒于 1944 年。

其后的回帖中，有接下来的内容：

> 打开一篇他的学位论文《东京工业大学进行战后大学改革的历史研究》的 PDF 文件，可以了解到，竹内时男 1918 年就任东京高等工业学校教授，1930 年晋升为东京工业大学物理学教研室副教授。十年后的 1940 年又任建筑学系副教授。
>
> 物理系的老师竟然变成了建筑系的老师？这引起了我的兴趣。
>
> 究其原因，可能与竹内此前在物理学界所引发的那场大争论有关吧。

在1995年“数学物理学会拆分为两门学科学会”座谈会的相关记录中，有围绕“人工放射能”的一些讨论内容。在这场关于“人工镭专利”的讨论中，竹内所发表的“通过放射线照射食盐，可使其带有放射能”的实验结果，遭到了进行过相同实验的科学家们的攻击，认为其实验“完全就是虚假的骗局”。

通过阅读座谈会记录中有关竹内的部分内容，可以了解到他当时所受到的批判。

而伏见康治（大阪大学、名古屋大学名誉教授）对竹内则有以下的评价：

“他是一个头脑很聪明的人。”“对于最新的文献资料，竹内他总能很快地吸收消化，那时报社的科学部记者一有什么新的科学成果出来，就马上跑去竹内那里。几乎每个礼拜竹内的名字都会出现在报纸上。”

什么是“放射性食盐（人工镭）”？

在《百万人的科学》这本书中，也有关于“放射性食盐”的内容。而“放射性食盐”这个名字，就是竹内命名的。

1930年，美国的劳伦斯设计建设了高能粒子回旋加速器装置，并以此制造出了各种放射性核素。例如，可以让食盐携带上放射能。后来，劳伦斯将这些通过该装置制成的人工放射性核素，用于诊断与医疗应用中。

竹内由于其所在的研究室无法使用这样大规模的装置，于是他提出通过镭使普通的食盐变成“放射性食盐”的实验，即用镭照射食盐使其携带上放射能。

学会上的大争论

竹内是在 1914 年 6 月数学物理学会（日本物理学会的前身）的例会上发表这一实验结果的，发表的题目为“On the Radiation of the Common-Salt Irradiated by Ra-Cells（普通食盐经镭元素的 γ 射线照射后发出放射线）”。当时这是一场原定仅 10 人参加的会议，却在只能容纳 100 人的现场挤进了 400 名参会者，一些无法进入会场的人甚至在窗外旁听了报告。而他与仁科研究所的石井千寻理学士之间的争论甚至还成了热门话题。

《帝国大学报》从第 860 期至 864 期【昭和 16 年（1941 年）6 月 9 日至 7 月 7 日（周刊）】上刊登了有关这一争论的报道。

石井对竹内的批判，主要有以下几点。

• 竹内博士实验中所用计数管计测方法，在统计学上存在缺陷。

• 即便竹内博士的实验方法是正确的，但侦测到的放射线应该也只是在镭容器中混入了食盐而已。

• 通过镭元素的 γ 射线得到放射能，缺少理论上的依据。

• 竹内博士的实验结果偏于主观，而不具有客观性。

所以，他最后认为该实验不够严谨，测得的结果是因为镭混入了食盐（被污染）造成的。

伏见康治则认为“原本仅从理论的角度来讨论就好，结果却进行了实验，然后就对外宣称食盐经 γ 射线照射后携带上了放射能”。“这之后，可能是由于受到了过多的苛责，竹内不久便去世了。”

宫本百合子所著《寄往狱中的信》（8 月 21 日，第三十六封信）中，也提到了相关的内容：

> 霍格本所写的《百万人的数学》一书被引进日本时，有一位名叫竹内时男的工业大学教授却认为这是一本很糟糕的书，从而惹恼了石原纯和小仓金之助。最近，此人又宣称以“科学的心态”发明了一件堪称极好的东西，并向专利局提交了这件名为“人工镭”的申请。他表示这将用于医疗事业。但是他的发明创造却受到了来自学术界的种种责难，就连一向不团结的物理、

数学、化学等学界，竟也一致在物理学界的例会上达成共识，认为竹内时男是一个不折不扣的骗子。这件吸引了大众关注与兴趣的事情最终被认定是一场骗局，实在是有意思啊。

而面对报纸上的各种传闻，最近他所在研究室的助手也都选择了沉默或是笑而不答。即使如此，学校仍然保留了他的教职，实在是让人惊讶。看来他真是一位好老师呀。如此执着于做学问，却惹来了极大的丑闻。石原等人还曾一起向学校要求将其开除，不过并没有如愿，可能因为他作为科学家，也的确还是有些实力的吧。

学校也不想太过分，好让其在学生面前保留些颜面。

当时放射线用于医疗的状况

当时，在镭被发现后，有人就想到将其用于医疗事业，如将其用于癌症的治疗。对于子宫癌、咽喉癌、食道癌等，可以将镭辐射源放入患者体内，对病灶部位进行照射。日本于 1934 年（昭和 9 年），由三井财团出资购买进口了 5 克镭并赠予研究会医院。当时购买镭的价格高达 100 万日元，相当于今天的几亿日元。

镭应用于医疗的发展流程如下：

1898 年　　镭被发现

1907 年　　多米尼西发表超穿透性放射线疗法

20 世纪 30 年代　　开创“曼彻斯特疗法”

法国的多米尼西发明了将镭用铅和铂包裹，只使用其 γ 射线来进行照射的治疗方法。而“曼彻斯特疗法”是在对宫颈癌的放射性治疗过程中，引入辐射量分布的思路，并与 X 光技术相结合取得了成功的疗效。

竹内是通过国外的文献资料来了解这些放射线医学的发展状况的。

竹内还在他的论著中介绍了涩谷的医学博士使用放射性食盐进行医学研究的结果。他用放射性食盐配置成生理盐水来培养小家鼠的脾脏组织，并向小家鼠的静脉中进行注射，取得了“明显的效果”，认为其“存在应用于某种治疗的可能性”。

镭是很昂贵的，但如果用具有相同效果的放射性食盐来替代的话，就可以大批量使用了……竹内认为这个梦想已经实现了，便提交了专利申请，结果却引来了物理学界的大骚动。

说到这里，不禁好奇竹内到底是何原因而英年早逝的呢。

有读者知道吗？

后　记

法拉第是我最崇拜的科学家之一。

他是在物理学和化学的发展史上都留下了研究成果的卓越科学家。现在多亏有了电，能让我们使用电灯或者荧光灯，这样即使在黑暗中也能正常生活。而发电的原理——“电磁感应”就是由法拉第发现的。

法拉第虽然不擅长数学，却有着敏锐的观察力，并能通过实验发现隐藏在事物与现象中的定律法则。他是一个贫苦铁匠的儿子，小学毕业之后，12 岁就到一家兼营卖书与制书的店里做制书工。他在磨炼制书技术的同时，也将所制作的书都读了个遍，特别是引起他浓厚兴趣的自然科学书籍。他用挣得的工钱买了实验的材料和器具，并照着书上的讲述来做各种各样的实验。

他后来成了英国皇家研究所的一名研究员，并在每年的圣诞节召开带实验演示的科学演讲大会。其最著名的一件事是于 1860 ～ 1861 年之间进行的 6 次连续演讲，内容被总结成一本名为《蜡烛的科学》的著作。在那个时代，法拉第就对蜡烛的火焰以及燃烧进行了毫不逊色于今天的科学探索。

我第一次访问伦敦时，还特地去参观了当年的会场以及他的实验室。想象着当年他平和的话语、与他所言内容完全一致的实验演示、流畅的理论展开，还有听完后发出惊叹的听众的样子。

我一直在研究学校教育中的理科内容该怎样呈现，以及学习与讲授的方法，当听到有人说“理科实在是没趣”时，心中也会非常难过。因此，本书写作的目的，就是希望各位读者也能像法拉第一样，带着满满的好奇心去探索科学的世界。

虽然内容不是最前沿的科学，但即便是最基本的科学内容，也可以是很有趣的。如果各位读者看完能有同感的话，实在是我之幸事。

左卷健男

作者简介

左卷健男

1949 年出生于栃木县，毕业于千叶大学教育学系，后于东京学艺大学研究生院进修研究生课程（物理、化学和科学教育）。在中学、高中任教 26 年后，于京都工艺纤维大学学术中心担任教授，2004 年起任同志社女子大学教授，2008 年起任日本法政大学教职课程中心教授。著有《有趣到让人睡不着的物理》（PHP 出版社），《成人复习中学化学》（软银 Creative 出版社），《新高中化学》《新高中物理》（讲谈社 BlueBacks），《你不知道的水知识》（Discover 21 出版社）等多部作品。

图书在版编目（CIP）数据

物理真好玩 / (日) 左卷健男著；金磊译. —武汉：
湖北教育出版社，2017.1
ISBN 978-7-5564-0875-7

Ⅰ. ①物… Ⅱ. ①左… ②金… Ⅲ. ①物理学–普及
读物 Ⅳ. ①O4-49

中国版本图书馆CIP数据核字（2017）第012575号

OMOSHIROKUTE NEMURENAKUNARU BUTSURI

出版发行　湖北教育出版社
邮政编码　430070
电　　话　027-83619605
地　　址　武汉市雄楚大道268号
网　　址　http://www.hbedup.com
经　　销　新华书店
印　　刷　嘉业印刷（天津）有限公司
开　　本　880mm × 1230mm　1/32
印　　张　6
字　　数　100千字
版　　次　2017年3月第1版
印　　次　2020年4月第6次印刷
书　　号　ISBN 978-7-5564-0875-7
定　　价　29.00元

如发现图书质量问题，可联系调换。质量投诉电话：010-82069336